Ed Rosenthal

Cannabis-Anbau mit LED

Ed Rosenthal

Cannabis-Anbau mit LED

Innovative Beleuchtung fürs Indoor-Growing

IMPRESSUM

Ed Rosenthal
Cannabis-Anbau mit LED

Nachtschatten Verlag AG
Kronengasse 11
CH-4500 Solothurn
Tel: 0041 32 621 89 49
Fax: 0041 32 621 89 47
info@nachtschatten.ch
www.nachtschatten.ch

Bei diesem Buch handelt es sich um eine Auskoppelung und Kompilation von Texten aus dem US-amerikanischen Originalwerk *Ed Rosenthal: Cannabis Grower's Handbook, Quick American Publishing 2023* sowie verstreuten Texten vom Internetblog Ed Rosenthals www.edrosenthal.com.

Der Nachtschatten Verlag wird vom Bundesamt für Kultur mit einem Strukturbeitrag für die Jahre 2021–2024 unterstützt.

Übersetzung: Christine Heidrich, Solothurn
Redaktion: Markus Berger, Felsberg
Umschlaggestaltung: Nina Seiler, Zürich
Layout: Silvia Aeschbach, Bern

Druck: ScandinavianBook
ISBN: 978-3-03788-657-1

INHALTSVERZEICHNIS

Vorwort

Pflanzen nutzen die Energie des Lichts, um Photosynthese zu betreiben. Dieser komplexe chemisch-elektrische Prozess führt zur Produktion von Zucker, der zur Aufrechterhaltung der Lebensprozesse und als Baustein für das Wachstum verwendet wird. Man kann sagen: Licht = Wachstum, also kann Licht ein begrenzender Faktor beim Anbau von Cannabis im Innenbereich sein. Zu wenig Licht verringert das Wachstum und damit den Ertrag der Pflanze.

LED-Grow-Lampen machen den Anbau in Innenräumen zu einer einfachen Sache, weil sie im Vergleich zu anderen Geräten wie Natriumdampf-Hochdrucklampen oder Halogen-Metalldampflampen, die früher in Innenräumen verwendet wurden, sehr effizient Licht erzeugen. Neben der Effizienz, das heißt den Lichteinheiten pro Watt, verteilen LEDs das Licht gleichmäßiger und erzeugen keine Brennpunkte. Diese Faktoren haben dazu geführt, dass sich die meisten Gärtner/innen für LEDs entscheiden.

Wenn man die Stromkosten und die Effizienz von LEDs bedenkt, wird klar, dass sie auch eine Kostenersparnis darstellen. Auch wenn sie anfangs etwas kostspielig erscheinen, sind sie pro erzeugter Lichteinheit und pro Stromeinheit wesentlich günstiger als jede andere Lampe, was auf lange Sicht zu Einsparungen führt.

Die Wahl der Lampen ist die wichtigste Entscheidung, die du in Bezug auf deinen Indoor-Garten treffen musst, denn sie sind eine Investition, die lange funktionieren sollte, mindestens drei oder vier Jahre oder länger, bis weiter entwickelte Modelle auf den Markt kommen. Du kannst das mit dem Wechsel deines Düngers oder der Umgestaltung deines Anbaus vergleichen, die meist recht kostengünstig durchgeführt werden können.

Dieses Buch enthält alle notwendigen Informationen, die man braucht, um bei der Wahl der richtigen Lampen für den Cannabis-Anbau eine intelligente Entscheidung zu treffen. Wie jedes gute Anleitungsbuch umfasst dieser Band alle nötigen Informationen zum Cannabis-Anbau unter LED wie auch mithilfe anderer Beleuchtungsmethoden. Es gibt viele Marken und Modelle unterschiedlicher Lampen für die Aufzucht von Pflanzen. Sie unterscheiden sich erheblich in ihrer Effizienz und Flexibilität. Dieser Band zeigt auf, wie an sie vergleicht und die richtige Lampe für seine Zwecke auswählt. Außerdem wird aufgezeigt, wie diese Technologien verwendet werden. Dies bewahrt den Einsteiger und fortgeschrittenen Grower vor häufig gemachten Fehlern. Mit anderen Worten: Werden LEDs in Betracht gezogen, wird dieses Buch jede Menge Zeit und Rückschläge ersparen.

Ed Rosenthal, Mai 2024

Ein Wort zuvor: Licht ins Dunkel der Grow-Licht-Terminologie

Ed Rosenthal und Fohse Lighting

Der Anbau von Cannabis kann kompliziert sein. Obwohl Gartenbauexperten den Prozess auf neun wachstumsbestimmende Parameter vereinfacht haben, ist das Herangehen an jeden einzelnen Parameter immer noch komplex, da sie alle eng miteinander verbunden sind. Die Anbauer müssen die perfekten Werte für Boden/Medium, Nährstoffe, CO_2, Wasser, Wurzeltemperatur, Umgebungstemperatur, Luftgeschwindigkeit, Luftfeuchtigkeit und Sauerstoff finden ... und dann ist da noch das Licht.

Das Licht wirkt sich auf jeden Aspekt des Wohlbefindens einer Pflanze aus. Wenn sich die Lichtmenge, die eine Pflanze erhält, ändert, müssen auch alle anderen Parameter, die sich auf die Pflanze auswirken, angepasst werden. Bei einer höheren Lichtintensität nehmen die Pflanzen mehr Nährstoffe und Wasser auf, verbrauchen mehr CO_2 und betreiben eine schnellere Photosynthese. Wenn das Licht zu warm oder zu kalt ist, wirkt sich das auf die Umgebungstemperatur, die Temperatur im Wurzelbereich, die Bodenfeuchtigkeit und die Luftfeuchtigkeit aus. Möglicherweise muss die Klimaanlage höher eingestellt werden, was wiederum mehr Luft benötigt und die Geschwindigkeit der Luft im Raum verändert. Es ist ein komplexes System, das man nur mit vielen Informationen, reichlich Ausprobieren und etwas Glück wirklich beherrschen kann.

Die Beleuchtung eines Gewächshauses kann sehr kompliziert sein – es gibt genug Fachbegriffe zu diesem Thema, um ein ganzes Glossar zu füllen. Manche Hersteller hoffen, dass du die Fachsprache nicht kennst. Sie überhäufen dich mit Abkürzungen und Daten, um dich glauben zu machen, du würdest ein gutes Geschäft machen. Im Folgenden werfen wir einen Blick auf einige Begriffe rund um die Beleuchtung und bringen etwas Licht in einen Teil der Branche, der bisher im Dunkeln lag.

Vollspektrum, entmystifiziert

Mit den Grundlagen des Lichts bist du vielleicht schon vertraut. Licht besteht aus Photonen, winzigen Teilchen, die auch als Wellen funktionieren. Wir messen Licht, indem wir den als Wellenlänge bezeichneten Abstand von einem Wellenberg zum anderen beobachten. Was wir als Licht wahrnehmen, ist eigentlich nur ein Ausschnitt aus dem gesamten elektromagnetischen Strahlungsspektrum. Das sichtbare Lichtspektrum, also das, was wir sehen können, reicht von einer Wellenlänge von etwa 380 bis etwa 750 Nanometern.

Photosynthetisch aktive Strahlung, PAR (engl. Photosynthetically Active Radiation) ist der Teil des elektromagnetischen Strahlungsspektrums, der für Pflanzen und Algen nützlich ist, um die Photosynthese zu aktivieren. PAR hat einen ähnlichen Bereich wie das sichtbare Spektrum, von etwa 400 bis 700 Nanometern.

Wenn ein Licht als Vollspektrumlicht bezeichnet wird, bedeutet das, dass es Licht in allen Wellenlängen des PAR-Spektrums aussendet, von violett bis rot.

Alle Anbaulampen sollten die Sonne so gut wie möglich nachahmen, denn alle Pflanzen haben sich entwickelt, um im Sonnenlicht zu wachsen. Das beste Spektrum für den Anbau von Pflanzen ist das Spektrum des natürlichen Sonnenlichts. Da das Sonnenlicht jedoch unbeständig und unvorhersehbar ist, ist das beste Spektrum, das wir bekommen können, das Vollspektrum-LED-Grow-Licht.

Aufgrund der Neigung des Planeten und des Winkels, in dem das Sonnenlicht auf die Erde trifft, ändert sich das Verhältnis der Farben im Lichtspektrum je nach Jahreszeit. Höherwertige LED-Scheinwerfer wie der *Fohse A3i* bieten die Möglichkeit, das Verhältnis der Farben im Spektrum zu verändern, um Jahreszeiten wie Frühling, Sommer und Herbst zu simulieren. Dies löst photomorphogene Reaktionen in der Pflanze aus, die sie dazu bringen können, größer, kürzer oder kräftiger zu werden, früher oder später zu blühen oder ihre aktuelle Größe beizubehalten.

Messung der Effizienz

Jedes Gerät, das zur Erzeugung von Licht für Pflanzen eingesetzt wird, wird daran gemessen, wie effizient es in diesem Bereich Licht erzeugen kann. Daher sind alle Angaben zur Effizienz eines Grow-Lichts für jemanden, der nicht weiß, was PAR ist, völlig nutzlos.

Bei PAR haben verschiedene Farben unterschiedliche Auswirkungen auf die Pflanze. Blaue Photonen hemmen das Zellwachstum, was sich zunächst schlecht anhört, doch bei niedrigen Werten kann es der Pflanze helfen, kräftiger zu werden, bevor sie anfängt zu blühen. Grüne Photonen dringen in die Blätter ein, bringen das Licht durch das Blätterdach zu den tieferen Teilen der Pflanze und spielen eine wichtige Rolle dabei, wie unsere Augen Pflanzen wahrnehmen können. Rote Photonen sind gut für die Photosynthese geeignet, haben aber nicht die Durchdringungsfähigkeit der grünen Photonen. Für Pflanzen ist eine Kombination aus allen Farben notwendig, um einen optimalen Ertrag zu erzielen.

Ähnlich wie der Mensch braucht auch eine Pflanze ein breites Spektrum an «Nahrung», um gesund zu sein. Wenn es nur eine Art von Photonen gibt, leiden die Pflanzen darunter.

PPF

Der Photosynthetische Photonenfluss (Photosynthetic Photon Flux, PPF) misst die Anzahl der Photonen im PAR-Bereich, die pro Sekunde von einer Leuchte abgegeben werden. Er wird in µmol/Sekunde gemessen. Grundsätzlich gibt der PPF an, wie viel Licht (Photonen) von einer Leuchte ausgeht.

Es ist wichtig zu wissen, dass der PPF nicht angibt, wie viel Licht eine Pflanze erreicht, sondern nur, wie viel Licht von der Lampe ausgestrahlt wird. Nicht jede Lampe mit demselben PPF bringt das Licht gleich gut auf die Pflanzen. Manche Lampen haben einen geringeren Fokus, sodass sich die Lichtteilchen weitläufig verteilen und an den Wänden verloren gehen. Anhand des PPF einer Grow-Lampe kannst du jedoch abschätzen, wie viele Lampen du brauchst, damit die gewünschte Lichtmenge auf die Pflanzen gelangt.

Photonen, die bei Wellenlängen über 700 nm emittieren, tragen nicht zum PPF bei und werden nicht gemessen, ebenso wenig wie ultraviolette Wellenlängen, also alles unter 400 nm. Eine Lampe kann eine große Menge an ultraviolettem und infrarotem Licht erzeugen, ohne dass dies zum PPF beiträgt.

Um den PPF einer Leuchte zu testen, muss sie in eine Ulbricht-Kugel eingesetzt werden, die an ein hochentwickeltes Gerät angeschlossen ist, das Spektrophotokolorimeter genannt wird. Dieses Gerät testet den PPF, die Spektralverteilung, den Farbwiedergabeindex (Color Rendering Index CRI) und gibt einen Eindruck vom PPF auf der Grundlage einer bestimmten Eingabe. Fohse lässt das Gerät bei 100, 75, 50 und 30 Watt laufen, um festzustellen, wie effizient die Lichtquellen bei verschiedenen Leistungen sind, damit du genau weißt, was du bekommst (die Ulbricht-Kugel, auch bekannt als Integrationskugel, wird in der technischen Optik als Lichtquelle verwendet, um aus gerichteter Strahlung diffuse zu erzeugen bzw. um die Strahlung von stark auseinanderlaufenden Quellen zu sammeln).

PPFD

Die Photosynthetische Photonenflussdichte (Photosynthetic Photon Flux Density, PFFD) ist ein Maß für die Anzahl der Photonen, die zur Pflanze gelangen. Es ist die Anzahl der Photonen innerhalb der PAR-Zone, die pro Sekunde auf eine bestimmte Oberfläche fallen, ausgedrückt in Mikromol Photonen pro Quadratmeter pro Sekunde oder $\mu mol/m^2s$.

Gemessen wird sie mit einem Radiospektrometer oder PAR-Meter, einem kleinen Gerät, das du unter einer Lampe auf deine Pflanze legst. Das Gerät zeigt genau an, wie viele Photonen auf seinen winzigen Sensor treffen. Wegen der Größe des Sensors ist es wichtig, dass du an vielen Stellen der Pflanze Messungen vornimmst und den Mittelwert eruierst, um einen wirklichen Eindruck von der Gesamt-PFD einer Beleuchtungsanlage zu bekommen.

Um die gewünschte PPFD zu erreichen, können zahlreiche Einstellungen angepasst werden, von der Höhe der Lampe bis zum Abstand der Pflanzen. Einige Hersteller bauen Linsen oder Reflektoren ein, um die PPFD besser zu bündeln. Das kann zu einem niedrigeren PPFD führen. Die Anbauer müssen also abwägen, ob es für ihre Pflanzen besser ist, wenn mehr Photonen direkt auf die Pflanze treffen, oder wenn generell mehr Photonen ausgestrahlt werden.

DLI

Das Tägliche Lichtintegral (Daily Light Integral, DLI) misst die Gesamtmenge an Licht, die eine Pflanze an einem Tag oder in einer «Photoperiode» erhält. Während die PPFD angibt, wie viel Licht pro Sekunde an einer bestimmten Stelle eintrifft, misst der DLI, wie viel Licht insgesamt während des ganzen Tages in dem bezeichneten Bereich empfangen wurde, oder die Anzahl der Mol (nicht Mikromol) an Photonen pro Quadratmeter pro Tag, ausgedrückt als mol/m^2d.

Es gibt noch eine andere Möglichkeit, das zu betrachten. Wenn Licht Regen wäre, dann wäre PPF die Regenmenge, die aus einer Wolke kommt, PPFD wäre die Regenmenge, die zu einem bestimmten Zeitpunkt auf den Boden trifft, und DLI wäre die Gesamtmenge an Regen, die den Boden während des Tages erreicht.

Wenn du einen Beleuchtungsplan erstellst, ist es wichtig, den gewünschten DLI zu bestimmen. In einem Gewächshaus oder Anbauraum ist eine gleichmäßige Beleuchtung entscheidend für den Anbau gesunder Pflanzen. In Innenräumen ist es etwas weniger kompliziert, da du die Sonne nicht berücksichtigen musst. Bestimme einfach die Menge an Photonen, die deine Pflanzen erhalten sollen. Zu wenig Licht bedeutet, dass die Pflanzen fluffigere Knospen produzieren, also kleinere, blättrige Knospen, die sich nicht so gut verkaufen lassen. Zu viel Licht kann dazu führen, dass die Pflanze in die Photorespiration geht, das heißt, sie verbrennt mehr Kohlenstoff, als sie verbraucht, und schrumpft zu einem kränklichen kleinen Pflänzchen zusammen.

Nachdem du den PPFD-Zielwert bestimmt hast, kannst du den DLI-Zielwert mit ein paar einfachen Berechnungen ermitteln:

PPFD-Zielwert x 60 s/min x 60min/hr x 12 Std./Tag = Ziel-DLI
1 000 000 μmol/mol

Um den DLI-Zielwert zu bestimmen, müssen die Anbauer zunächst ihren PPFD-Zielwert ermitteln. Die traditionell empfohlenen PPFD-Werte für Cannabis liegen zwischen 700 und 900 μmol/m^2s, aber durch die Zugabe von mehr CO_2 in den Anbauraum können die Grower ihre Lichtwerte auf 1500 μmo/m^2sl erhöhen und ihr Pflanzenwachstum auf Hochtouren bringen. Durch die Zugabe von CO_2 wird das Verhältnis von Kohlenstoff und Sauerstoff in der Luft so verändert, dass die Pflanze die Photorespiration vermeiden kann, indem sie genügend Kohlenstoff für ihre Photosyntheserate erhält.

PPE

Die Photosynthetische Photoneneffizienz (Photosynthetic Photon Efficacy, PPE) misst die Fähigkeit einer Leuchte, elektrische Energie in PAR-Licht umzuwandeln. Sie wird in Mikromol Photonen pro verbrauchtem Joule Energie ausgedrückt. Je besser der PPE einer Leuchte ist, desto energieeffizienter ist sie und desto weniger Geld muss der Züchter/die Züchterin für Energie ausgeben.

Die Formel für den PPE ist PPF/Watt der genutzten Leistung, das heißt, der PPE berücksichtigt nicht den PPFD eines Grow-Lichts. Ein Grow-Licht kann einen hohen PPE vorweisen, was bedeutet, dass sein PPF höher ist und weniger Energie verbraucht wird, aber nach dem, was wir über die PPFD wissen, bedeutet das nicht unbedingt, dass du von diesem höheren Wirkungsgrad profitierst.

Tatsächlich gibt es verschiedene Möglichkeiten, eine Leuchte so zu verändern, dass sie einen höheren PPE aufweist, was sich aber negativ auf die Lichtleistung und das Wachstum deiner Pflanzen auswirken kann.

Richtige Beleuchtung für Pflanzen

Lichtempfehlungen für Kulturen

Die richtige Beleuchtung für Pflanzen hängt von der angebauten Sorte ab. Im Folgenden sind die allgemeinen Beleuchtungsanforderungen für die verschiedenen Kulturpflanzen aufgeführt.

Sativas brauchen das meiste Licht, weil sie sich in der Nähe des Äquators zwischen den 30er-Breitengraden entwickelt haben und an lange Perioden mit intensiver Sonne angepasst sind. Danach folgen Sativa-Indica-Hybriden, Indica-Sativa-Hybriden und schließlich Indicas. Sativa-Indica-Hybriden brauchen weniger Licht als Sativas, gedeihen aber immer noch am besten bei intensiverem Licht. Indica-Sativa-Hybriden verzeihen mehr Licht als Sativa-Pflanzen. Sie können im mittleren bis schwachen Lichtbereich gedeihen. Indicas brauchen von allen Sorten die geringste Lichtintensität. Sie haben sich auf dem 35. Breitengrad in der tibetischen Hochebene entwickelt und eignen sich am besten für Gärten mit weniger Licht.

Mindestlichtanforderungen für den Anbau in Innenräumen

Während des vegetativen Wachstumszyklus kommen die meisten Sorten mit einem Minimum von 400–500 $\mu mol \cdot m^{-2} \cdot s^{-1}$ (2000–2500 fc, 21 500–27 000 lux) gut zurecht, obwohl die Pflanzen bei langen Photoperioden 1000 $\mu mol \cdot m^{-2} \cdot s^{-1}$ (5000 fc, 54 000 lux) oder mehr effizient nutzen können. Je mehr Gesamtlicht (DLI) sie während des vegetativen Wachstums erhalten, desto schneller wachsen sie und desto stabiler sind ihre Stiele. Wenn sie bei wenig Licht, unter einem Blätterdach oder im Schatten von Bäumen oder anderen hohen Pflanzen wachsen, entwickeln alle Sorten aufgrund des verstärkten Rotlichts lange Internodien (Zwischenräume am Stamm zwischen den Blattansätzen). Pflanzen mit äquatorialer Genetik sind hiervon stärker betroffen.

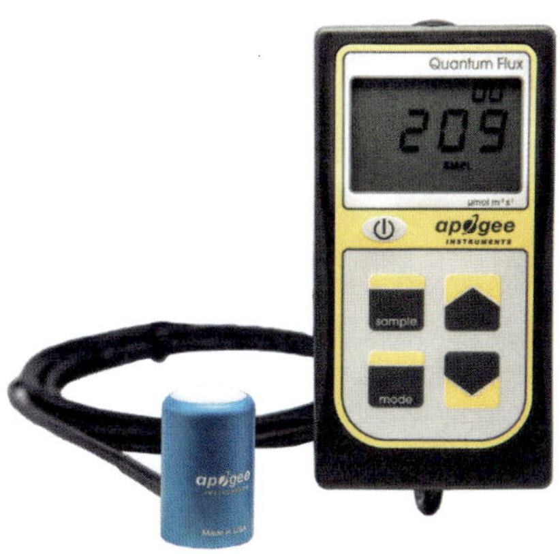

Das MQ-500 von Apogee ist ein Quantum PAR-Messgerät, das die photosynthetisch aktive Strahlung aller Grow-Lampen, einschließlich LEDs, mit einem Spektralbereich von 389 bis 692 nm ± 5 nm genau misst.

Während des Blütezyklus benötigen äquatoriale Sativas

intensives Licht und ein Minimum von 800–1000 μmol·m^{-2}·s^{-1}. Bei weniger Licht werden die Knospen locker und schlaksig. Sativa-dominante Hybriden brauchen helles Licht. Sie produzieren üppige Blüten, wenn sie mit nur 700–800 μmol·m^{-2}·s^{-1} beleuchtet werden. Indica-dominante Hybriden brauchen weniger Licht und können mit einem Minimum von etwa 600–700 μmol·m^{-2}·s^{-1} gut produzieren. Indicas brauchen am wenigsten Licht, um zu gedeihen. Einige Indicas gedeihen bereits ab etwa 550 μmol·m^{-2}·s^{-1} gut, andere brauchen jedoch höhere Werte, um schöne, dichte Blüten zu bilden. Bei mehr Licht (800 μmol·m^{-2}·s^{-1}) werden die Blüten von Indicas und indicadominierten Hybriden größer, dichter und potenter.

Innenräume

Pflanzen in Innenräumen benötigen sehr helles Licht, um gut zu wachsen und eine gute Ernte zu erzielen. Die verschiedenen Sorten unterscheiden sich jedoch in der Menge an Licht, die sie für ein schnelles Wachstum und eine leistungsstarke Blütenentwicklung benötigen.

Gärtnerinnen und Gärtner können aus einer großen Auswahl an Lampen wählen. Dazu gehören LEDs, Leuchtstoffröhren, keramische Halogen-Metalldampflampen und Natriumdampf-Hochdrucklampen (zu den verschiedenen Lampen und Beleuchtungstechnologien siehe das nächste Kapitel ab Seite 25). Glühbirnen oder Quarz-Halogenlampen werden nur selten verwendet. Diese Lampen sind ineffizient, da sie nur etwa 10 bis 20 % der verbrauchten Energie in Licht umwandeln und den Rest durch Wärmeentwicklung vergeuden.

Die Empfehlungstabelle auf Seite 17 und der nächste Abschnitt helfen dir zu entscheiden, wie viele Lampen du für den Anbau eines durchschnittlichen Hybriden im Haus brauchst. Wenn die Lampen einmal eingerichtet sind und mit Zeitschaltuhren laufen, braucht man sich über die Beleuchtung im Indoor-Garten keine Gedanken mehr zu machen.

Kulturspezifische DLI-Anforderungen

Die optimalen PPFD- und DLI-Anforderungen variieren je nach Kultursorte und Entwicklungsstadium. Trotz evolutionärer Anpassungen an lichtstarke oder lichtschwache Umgebungen bevorzugen die meisten Hybridsorten, die in Innenräumen bei gleichbleibender Lichtintensität angebaut werden, eine Beleuchtungsstärke um 1000 PPFD (μmol·m^{-2}·s^{-1}).

Eine übermäßige Lichtsättigung kann zu Photoinhibition (verringerte Photosynthese) und photooxidativem Stress führen, der Schäden an Chloroplasten, Pflanzenpigmenten, Lipiden, Proteinen und Nukleinsäuren verursacht und zu suboptimalen CO_2-Assimilationsraten führen kann (Pintó-Marijuan und Munné-Bosch 2014).

Um das optimale Lichtniveau für jede Sorte zu bestimmen, sind möglicherweise einige Versuche erforderlich. Beginne mit der genetischen Abstammung jeder Sorte und untersuche dann ihre phänotypischen und morphologischen Ausprägungen. Passe das Lichtniveau an und achte auf die Wachstumsreaktion und Anzeichen von Stress, wie Chlorose oder Blattverbrennungen.

Die meisten handelsüblichen Sorten sind stark gekreuzt, sodass ihre «ursprüngliche» genetische Abstammung weniger Aufschluss über ihre Lichtbedürfnisse gibt als morphologische Wachstumsmerkmale. Breitblättrige Sorten haben in der Regel eine dunklere Grünfärbung, die auf eine höhere Konzentration an Chlorophyll zurückzuführen ist. Diese Merkmale deuten auf eine höhere photosynthetische Effizienz und einen geringeren Bedarf an PPFD und DLI hin. Dünnblättrige Sorten haben eher eine hellere Grünfärbung, was auf eine geringere Chlorophylldichte hindeutet. Dies kann zu einer geringeren photosynthetischen Effizienz und einem höheren PPFD- und DLI-Bedarf führen.

Optimale Lichtbedingungen in Innenräumen

Wachstumsstadium	Anzahl Wochen	PPFD	Photoperiode	Durchschnitt-liches DLI
Stecklinge	2	150–200	24	13–17
Übergang	1	200–400	18	13–26
Keimlinge und Jungpflanzen	2–3	400–600	18	26–39
Frühe Blüte	1–2	600–800	12	26–35
Mittlere Blüte	4–6	800–1000	12	35–43
Späte Blüte	1	600–800	12	26–35
Reife Pflanze	1	500–600	12	22–26

Dieses Beispiel zeigt, wie man PPFD und DLI während des Lebenszyklus vieler Hybridsorten wöchentlich anpassen kann. Andere Lichtformeln weichen von diesen Empfehlungen ab. Bei diesen höheren Beleuchtungsstärken müssen alle anderen Wachstumsbedingungen optimiert werden. Diese Lichtintensitäten können durch den Einsatz dimmbarer LEDs erreicht werden. HID-Lampen weisen schädliche Veränderungen des Spektrums auf, wenn sie gedimmt werden.

Beleuchtungsplanung

Um die Beleuchtungsplanung zu berechnen, wird das Lichtintensitätsziel (PPFD) auf der Grundlage des DLI und der Photoperiodenanforderungen der Sorte in jeder Anbauzone bestimmt. Die zu beleuchtende Fläche bestimmt die Anzahl und die Stärke der Lampen, die zum Erreichen dieses Ziels erforderlich sind, basierend auf der Wattzahl und der Effektivität der Leuchten.

Die Lichtintensität jeder Lampe oder jeder Leuchte für den Gartenbau wird als photosynthetischer Photonenfluss (PPF) oder als die Gesamtzahl der von der Leuchte abgegebenen PAR-Photonen angegeben. Wenn die Konzentration der PAR-Photonen der Lampen in einem bestimmten Bereich des Pflanzendachs gemessen wird, kann die Beleuchtung auf der Grundlage des PPFD-Ziels optimiert werden.

Die PPFD wird durch die Einstellung der Höhe und des Abstands der Lampen angepasst, da die Photonen verteilt oder gebündelt werden, was die Dichte der begrenzten Anzahl von Photonen, die das Pflanzendach erreichen, verringert oder erhöht. Sobald Lichtabstand und Lichthöhe festgelegt sind, wird die Lichtintensität mit Hilfe von Lichtreglern für die einzelnen Sorten in jeder Zone gedämpft oder hochgefahren.

Die Höhe der Lampen hat in größeren Räumen weniger Einfluss. In einem großen Raum mit guten Lichtreflektoren gelangt praktisch das gesamte Licht in den Garten. Obwohl die Dichte einer einzelnen Lampe auf einer bestimmten Fläche mit zunehmender Höhe abnimmt, bleibt die kumulative Dichte aller Lampen gleich, weil fast alle Photonen das Pflanzendach erreichen. Die Seitenbeleuchtung, die mit einer höheren Montagehöhe erreicht wird, sorgt außerdem für eine gleichmäßigere Lichtintensität über das gesamte Pflanzendach und begrenzt die Beleuchtungs-«Spitzen und Täler». Aus diesem Grund werden große Anbauräume in der Regel mit einer Hallenbeleuchtung ausgestattet. In kleineren Gärten streut das Licht mehr über die Grenzen des Gartens hinaus.

Wenn das Licht nicht durch reflektierendes Material zurückgeworfen wird, geht es im Pflanzendach verloren.

Verschiedene Beleuchtungstechnologien haben unterschiedliche Wirkungsgrade bei der Umwandlung von Strom (Elektronen) in Licht (Photonen). Die Berechnung der Leistungsaufnahme der Leuchte (Wattzahl) im Vergleich zur Leistung der Lampe (PPF) ist für die Wahl der richtigen Lampe entscheidend. Anhand des PPF-Wertes der Lampen lässt sich die Anzahl der benötigten Leuchten und deren Konfiguration bestimmen.

Das PPFD-Ziel für jede Anbauregion richtet sich nach den DLI-Anforderungen der angebauten Sorten, dem Wachstumsstadium und der vorgesehenen Photoperiode.

Die Fläche wird durch Multiplikation von Länge und Breite des Raums berechnet. In einer Anbauzone mit den Maßen 3,6 x 2,4 m beträgt die Gesamtfläche des Pflanzendachs beispielsweise 9 Quadratmeter.

3,6 x 2,4 m = 9 m^2 = Gesamtfläche

Je nach Anwendung und Sorte variiert die Gesamtfläche, aber das Ziel ist, eine Beleuchtungsstärke von etwa 1000 μmol m^{-2} s^{-1} PPFD in einem Blüteraum zu erreichen. Um den Gesamtbeleuchtungsbedarf (PPF) für den Raum zu ermitteln, wird die Gesamtfläche des Pflanzendachs in Quadratmeter umgerechnet und mit dem PPFD-Zielwert multipliziert.

9 m^2 x ~1000 μmol m^{-2} s^{-1} = ~9000 μmol s^{-1} = ungefähres Beleuchtungsziel in PPF

Die Leuchten werden in PPF angegeben. Nach der Berechnung des gesamten PPF-Beleuchtungsbedarfs für das Pflanzendach (~9000 μmol s^{-1}) wählst du aus den verfügbaren Beleuchtungsoptionen eine Konfiguration aus, die das Lichtdichteziel der Sorten in dieser Zone erreicht oder übertrifft, und verteilst die Lampen dann gleichmäßig über dem Pflanzendach.

In diesem Beispiel würden sechs 631-Watt-LED-Leuchtmittel mit einem PPF von 1550 μmol s^{-1} etwa 9300 μmol s^{-1} liefern. Vier doppelseitige HPS-Leuchten (1150 Watt) mit einem PPF von 2400 μmol s^{-1} liefern dagegen etwa 9600 μmol s^{-1}. Das ist etwas mehr als das berechnete PPF-Ziel. Die LEDs können mit einem Lichtsteuerungsmodul heruntergeregelt werden. Das Spektrum der HPS-Lampen verändert sich nachteilig, wenn sie gedimmt werden. Die Anordnung der sechs LED-Leuchten in zwei Reihen mit je drei Lampen oder der HPS-Leuchten in zwei Reihen mit je zwei Lampen pro Reihe bietet die beste Ausleuchtung des 2,6 x 2,4 m großen Pflanzendachs und übertrifft den Zielwert von 1000 μmol m^{-2} s^{-1} PPFD leicht.

Mit dieser Methode kannst du eine Fläche mit einem beliebig großen Pflanzendach ausmessen und in ein Beleuchtungsziel umwandeln. Nimm die höchste gewünschte PPFD, miss das zu beleuchtende Pflanzendach, und berechne die gesamte erforderliche PPF für diese Fläche. Dann erstellst du anhand der Nennleistung (PPF) verschiedener Beleuchtungslösungen ein Beleuchtungskonzept (Art der Leuchten und Anzahl der Reihen/Leuchten pro Reihe), das für die angemessene und gleichmäßige Beleuchtung des Pflanzendachs sorgt. Das klappt nicht immer perfekt, daher ist es üblich, das Beleuchtungspotenzial des Pflanzendachs etwas höher anzusetzen. Bei LED kannst du die Intensität mit Lichtreglern an die Bedürfnisse der Pflanzen anpassen. Bei HID ist die Anpassung des Lichts komplexer. Bei einer Hallenbeleuchtung ist es am besten, einen bestimmten Prozentsatz des Lichts ganz abzuschalten, anstatt es zu dimmen. Eine andere Lösung besteht darin, den Pflanzen etwas mehr Licht zu geben als ursprünglich geplant.

Auswahl der Beleuchtung

Alle elektrischen Arbeiten sollten nur von lizenzierten Elektrikern durchgeführt werden. Die Eingangsspannung (Volt), die Stromstärke (Ampere) und die Leistungsaufnahme (Watt) sind wichtige Faktoren für die Auswahl einer Lichtquelle. Die meisten Haushaltsspannungen liegen bei 120 Volt; für Geräte, die mehr Leistung benötigen, gibt es jedoch oft Steckdosen mit 240 Volt. In Gewächshäusern und Industrielagern kann die Spannung 277 oder höher sein. Der Vorteil höherer Spannungen ist eine bessere elektrische Effizienz. Achte beim Kauf von Lampen darauf, dass die Spannung mit dem verfügbaren Stromnetz übereinstimmt, denn in Europa oder Japan hergestellte Lampen dürfen nicht mit weniger als 200 Volt betrieben werden.

Die Stromstärke der Lampen ist ein wichtiger Faktor, wenn es darum geht, mehrere Lampen aufzustellen. Viele Stromkreisunterbrecher in Privathaushalten arbeiten zum Beispiel mit einer 20-Ampere-Begrenzung für einen 120-Volt-Stromkreis. Aus Sicherheitsgründen sollte der Stromkreis nur zu 80 % ausgelastet werden, das heißt, es sollten nur 16 Ampere Strom fließen. Das bedeutet, dass die sichere Grenze für einen einzelnen Stromkreis bei 1920 Watt liegt, was nicht einmal für zwei 1000-Watt-Leuchten ausreicht. Wie bereits erwähnt, würde ein 20-Ampere-Stromkreis die doppelte Leistung eines 120-Volt-Stromkreises ermöglichen, wenn die Lampen mit 240 Volt betrieben würden.

Der nächste Faktor, den es zu berücksichtigen gilt, ist die Wattzahl, also die Gesamtleistungsaufnahme der Leuchte. Höhere Wattzahlen sorgen für helleres Licht. Eine 1000-Watt-HPS erzeugt zum Beispiel mehr als doppelt so viel Licht wie eine 400-Watt-HPS.

Der letzte wichtige Faktor, den es zu berücksichtigen gilt, ist die Effizienz einer Lichtquelle. Bei Leuchtmitteln wird der Begriff «Effizienz» anstelle von «Wirkungsgrad» verwendet, obwohl beide ähnliche

Bedeutungen haben. Der Wirkungsgrad wird als Prozentsatz gemessen, während die Effizienz ein unabhängiger Wert ist. Eine LED kann zum Beispiel einen Wirkungsgrad von 40 % bei der Umwandlung von Energie in Licht haben, und die Effizienz kann 3,0 µmols/J betragen. Obwohl diese beiden Werte beschreiben, wie viel Energie benötigt wird, um Licht zu erzeugen, ermöglicht die Effektivität direktere Berechnungen zur Einschätzung der Beleuchtung.

Das Maß der Lichtausbeute für Pflanzen ist µmols/J. Es misst die Lichtausbeute (µmol PAR Photonen oder PPF) und die Energie, die für die Lichterzeugung benötigt wird (J, Joule oder Wattsekunde). Einige Beleuchtungshersteller geben dies als µmol/Watt an; die korrekte Einheit ist jedoch µmol/J. Ein höherer µmol/J-Wert erzeugt mehr Licht bei gleicher Leistung.

Verschiedene Beleuchtungstechnologien (LED, Leuchtstoffröhren, HID) weisen eine unterschiedliche Effizienz auf, und nicht alle Lampen innerhalb derselben Technologie haben die gleiche (einige LED-Leuchten sind effektiver als andere). Wenn die Leistung in µmol/J und die Grundfläche einer Leuchte bekannt sind, kann die Lichtintensität der Anbaufläche geschätzt werden (mit einem gewissen Fehlerquotienten aufgrund des entweichenden Lichts oder der Abschwächung durch die Reflexion).

Berechnung der durchschnittlichen Lichtintensität (PPFD)

Wenn eine Leuchte mit einer Leistung von 1000 Watt und einer Effektivität von 2,0 µmols/J betrieben wird, erzeugt sie 2000 $\mu mol \cdot s^{-1}$. Wenn diese Leuchte vier Quadratmeter beleuchtet, würde sie den Raum mit einer durchschnittlichen Intensität von 500 $\mu mol \cdot m^{-2} \cdot s^{-1}$ beleuchten. Auch hier handelt es sich nur um eine Schätzung, denn ein Teil des Lichts geht verloren, die tatsachliche Intensität ist somit geringer, und die Beleuchtungsfläche wird von der Aufhängehöhe der Leuchte und der Optik beeinflusst. Reflektoren tragen zur Verringerung des Lichtverlusts und zur größeren Genauigkeit dieser Berechnung bei. Größere Flächen und mehr Leuchten verbessern die Genauigkeit ebenfalls.

Berechnung der Anzahl benötigter Lampen

Diese Gleichung lässt sich umstellen, um die Anzahl der benötigten Lampen auf der Grundlage der Fläche des Anbauraums und der angestrebten Lichtintensität zu bestimmen. Bei der Verwendung von 1000-Watt-Lampen mit einer Effizienz von 2,0 µmols/J werden mindestens 30 Lampen benötigt, um eine Fläche von 6 x 10 Metern oder 60 Quadratmetern mit 1000 $\mu mol \cdot m^{-2} \cdot s^{-1}$ auszuleuchten.

Auch bei dieser Gleichung wird davon ausgegangen, dass 100 % des Lichts die Zielfläche erreichen. Faktoren wie die Höhe der Aufhängung, die Grundfläche der Lampe, Reflektoren und sogar die Farbe/Reflexionsfähigkeit der Wände beeinflussen dies. Planer und Hersteller großer Gewächshäuser oder Indoor-Anlagen verwenden Software wie AGi 32, um das Licht möglichst genau zu quantifizieren und zu implementieren und so die richtige Ausleuchtung mit der korrekten Intensität sicherzustellen.

Beleuchtungsfirmen für den Gartenbau

Bei der Auswahl einer Lampe ist es wichtig, so viele Details wie möglich über ihre Leistung, ihr Spektrum und ihre Anforderungen bezüglich Elektrizität zu kennen. Leider hat man sich noch nicht auf ein einheitliches Beleuchtungsetikett für den Gartenbau geeinigt. Bei Beleuchtungsanlagen für den menschlichen Gebrauch sind auf den Verpackungsetiketten mehrere wichtige Angaben zu finden: Lumenleistung, Farbwiedergabeindex (CRI) und korrelierte Farbtemperatur (CCT). Diese Messwerte sind wichtig, um zu wissen, wie sich die Glühlampe auf die Helligkeit eines Raumes auswirkt, wie gut Farben unterschieden werden können und wie die allgemeine Stimmung in einem Raum für Menschen ist, sie sind jedoch nicht besonders nützlich, um zu beschreiben, wie effizient die Lampen für die Pflanzenzucht sind.

Wie bereits im Abschnitt über die Lichtmessung erwähnt, stimmen die Wahrnehmung und Nutzung von Licht durch Pflanzen nicht mit dem menschlichen Auge überein. Die Forschung über ideale Spektren ist noch nicht abgeschlossen. Auf den Etiketten der Gartenbaubeleuchtung sind jedoch in der Regel die Parameter für den Stromverbrauch (Volt, Ampere, Watt), die spektrale Leistung der Lampe und die μmols/J-Effizienz oder PPF der Lampe angegeben.

Hersteller	Modell	Typ	PPF (µmol·s⁻¹)	Strahlungsanteil				Wirkungsgrad (J·s-1)	Wattzahl
				Blau	Grün	Rot	Far-Red		
Aelius	REDD 690w	LED	1883	15%	26%	53%	6%	2.83	690
AGNETIX	A3 DD	LED	2850	40%	40%	20%		2.45	1200
California Lightworks	Solar System 1100	LED	1864	20%	22%	58%		2.35	800
Cultilux	CL PGZX	CMH	540	23%	28%	49%		1.72	315
Cultilux	CL-LPC7	LED	1750	24%	34%	40%		2.5	700
DormGrow G8LED	C2	LED	1400	18%	34%	48%		2.6	1150
Fluence	VYPR 3p; Dual R9B	LED	2195	4%	0.1%	96%	0.3%	3.51	1000
Green Rooster Lighting	630 CMH DE	CMH	1116					1.77	630
Green Rooster Lighting	1000 HPS DE	HPS	2100					2.1	1000
Heliospectra	Mitra Bellatrix	LED	1820	24%	36%	40%		2.8	650
Horticulture Lighting Group®	HLG Scorpion Diablo	LED	1920	16%	40%	44%		2.93	650
Mammoth Lighting	Mammoth Fold	LED	2240	3%	75%	21%		2.8	600
P.L. Light Systems	HortiLED TOP 2.0	LED	1084	7%	8%	84%	1%	3.17	342
Philips Green-Powe	DRW_LB	LED	1700	11%	5%	84%		3.3	325
SanLight	PQ6W	LED	624	11%	29%	52%	8%	2.7	245
Scynce	Raging Kush	LED	1631	12%	33%	55%		2.51	650
Scynce	Raging Kale	LED	583	36%	45%	36%		2.33	250
SolisTek	B9 LED	LED	1825	17%	19%	45%		2.53	7200

Die meisten Hersteller von Nicht-LED-Leuchten haben die für diese Tabelle angeforderten Informationen nicht bereitgestellt. Diese Art des Datenvergleichs von Beleuchtungsspezifikationen erklärt, warum LEDs bald zum Industriestandard werden. Die meisten Unternehmen stellen auf Anfrage Daten zur Verfügung; viele weitere sind online zu finden.

Beleuchtungstechnologien & Co.

Es gibt heute viele Technologien, um Licht für das Pflanzenwachstum bereitzustellen. Am häufigsten werden LEDs als Lichtquelle für den Cannabisanbau empfohlen, es gibt aber auch eine Reihe weiterer Lampen, die man verwenden kann: Hochdruckentladungslampen (HID High Intensity Discharge), zu denen Natriumdampf-Hochdrucklampen (HPS High Pressure Sodium) und Keramik-Metall-Halogenidlampen (CMH Ceramic Metal Halide) gehören, sowie Leuchtstoffröhren. Diese Lichtquellen unterscheiden sich alle in ihren Anschaffungskosten, ihrer Effektivität und ihrem Spektrum.

Die von einer Lampe (oder einem anderen elektrischen Gerät) erzeugte Wärme steht in direktem Zusammenhang mit der Wattzahl, die von der Leuchte verbraucht wird, unabhängig von der Technologie. Eine 1000-Watt-LED erzeugt genauso viel Wärme wie eine 1000-Watt-HPS. Eine 500-Watt-LED kann die gleiche Lichtintensität aufweisen wie eine 1000-Watt-HPS, sodass weniger Kühlung erforderlich ist. Die Abwärme der Leuchten ist von deren Wattleistung abhängig.

LED-Leuchten
Preis pro Leuchte: Hoch
Lichtausbeute: Niedrig bis ausgezeichnet (je nach Modell), 0,9–3,2 μmols/J (Nelson und Bugbee 2014)
Spektrum: Individuell anpassbar, kann sowohl für das Wachstum als auch für die Produktion von Sekundärmetaboliten hervorragend sein. Einige LEDs sind einstellbar und geben den Anbaubetrieben die Möglichkeit, das Spektralverhältnis oder die Intensität zu ändern.

Die HLG 650R LED-Lampe für den kommerziellen Indoor-Gartenbau wurde als Ersatz für eine zweiseitige 1000-Watt-HID-Lampe entwickelt. Diese Lampe verwendet hocheffiziente Quantum Boards® mit vollem Spektrum, die mit Samsungs neuester LM301H und Deep Red 660nm LED betrieben werden. Das Gerät ist dimmbar und hat eine Leistung von 60 bis 630 Watt.

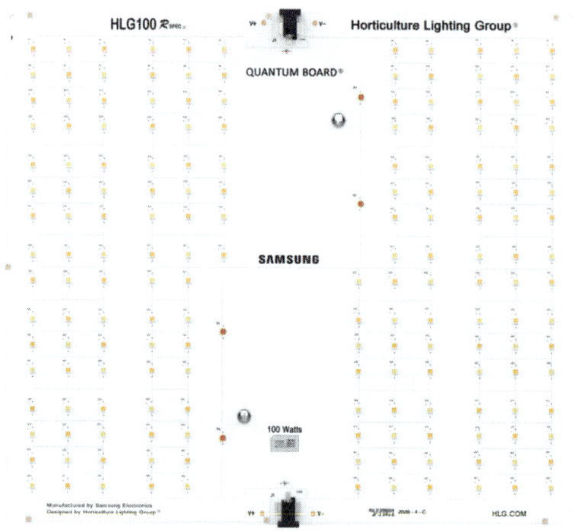

Die HLG 100 RPSEC® erzeugt über 15 000 Lumen mit nur 95 Watt Leistung und entspricht damit einer 200-Watt-T5 oder einer 300-Watt-Leuchtstoffröhre oder Halogenmetalldampflampe. Diese Lampe ist ideal für den Gemüseanbau, als Ergänzung oder zur Versorgung eines kleinen Gartens.

Die HLG Scorpion ist für kommerzielle Indoor-Gärten mit niedrigen Decken oder vertikalen Regalen konzipiert. Die HLG Scorpion verwendet sechs Quantum Boards® für eine gleichmäßige Lichtverteilung in nur 30,5 cm Abstand vom Pflanzendach. Diese Lampe verwendet Samsungs neueste LM301H und Deep Red 660nm LED. Das Gerät ist dimmbar und hat eine Leistung von 60 bis 630 Watt.

Licht emittierende Dioden (LED) gibt es in vielen Ausführungen, zum Beispiel als Flutlicht, Paneele, Balken, Kreise und rechteckige Leuchten. LEDs sind sehr effizient und verbrauchen weniger Strom als

HIDs und Leuchtstoffröhren. Daher erzeugen LEDs weniger Wärme, und die Leuchten sind nur 7–10 cm tief, sodass sie sich hervorragend für den Anbau im Schrank sowie für den Vertikalanbau eignen, bei denen die Höhe ein Thema ist.

LEDs sind einzigartig unter den Beleuchtungssystemen, weil sie mit Dioden hergestellt werden können, die Licht in einem ungewöhnlich engen Spektrum aussenden. Außerdem können weiße LEDs durch eine Phosphorbeschichtung mit blauen LEDs hergestellt werden, um eine breite Emission von Wellenlängen innerhalb des PAR-Bereichs zu ermöglichen. LED-Leuchten sind so konzipiert, dass sie den Pflanzen genau das gewünschte Spektrum liefern. Diese Eigenschaften machen LEDs zu einer hervorragenden Lichtquelle für die Beleuchtung von Pflanzen (Morrow 2008).

Die Effektivität von LEDs ist sehr unterschiedlich und hängt von vielen verschiedenen Faktoren ab, wie zum Beispiel der Diodengeneration, dem Spektrum, der Kühlungsstrategie, der Einstellbarkeit und den Zusatzfunktionen der Leuchte. Die Hersteller von Dioden verbessern die Effizienz laufend und folgen dabei dem so genannten Haitz'schen Gesetz (ähnlich dem Moore'schen Gesetz für Computerchips): «Die Helligkeit von LEDs steigt um das 20-fache pro Jahrzehnt und der Preis sinkt um das 10-fache pro Jahrzehnt» (Steigerwald et al. 2002; Haitz und Tsao 2011).

LEDs werden in den kommenden Jahren ein theoretisches Maximum von 4,6–5,1 μmols/J erreichen, je nach Dioden-Spektrum. Das Diodenspektrum ist wichtig für die Bestimmung der Effektivität, denn rote Dioden sind am energieeffizientesten, derzeit gefolgt von blauen Dioden. Andere Farben sind nicht annähernd so effizient wie Rot und Blau, insbesondere monochromatisches Grün, UV und Dunkelrot. Wenn LED-Leuchten mit diesen Dioden hergestellt werden, haben sie niedrigere μmols/J-Werte. «Weißes» LED-Licht ist eine Kombination aus Rot, Grün und Blau und somit eine wirksame Methode, um grünes Licht an die Pflanze zu bringen.

Auch die Kühlungsstrategie der Leuchte wirkt sich auf die Effizienz aus. LEDs enthalten einen großen Aluminiumkühlkörper, um die Dioden zu kühlen. Diese können aktiv durch Ventilatoren oder passiv durch die Umgebungsluft gekühlt werden. Wenn eine Leuchte Ventilatoren zur Kühlung des Kühlkörpers verwendet, müssen diese mit Strom versorgt werden, was die Effizienz der Leuchte verringert. LEDs lassen sich in ihrer Lichtintensität einstellen. Bei einigen Geräten können bestimmte Diodenkanäle eingestellt werden, um das Spektrum zu verändern. Leider sind die Schaltkreise, die diese Anpassung ermöglichen, nicht wirtschaftlich und verringern die Effizienz der Leuchte.

Derzeit sind die effizientesten Leuchten passiv gekühlte mit festen Spektren, die mit den neuesten, effizientesten LEDs hergestellt werden und rote, blaue oder weiße LEDs verwenden. Das Hinzufügen anderer Farben, wie zum Beispiel Dunkelrot, kann jedoch den geringen Verlust an Effizienz wert sein, da dies einen erheblichen Einfluss auf das Pflanzenwachstum und die Blüte haben kann.

Mit dem «Full Power Spectrum Tuning» von Scynce LED hat der Gärtner die vollständige Kontrolle über das an die Pflanzen abgegebene Spektrum und kann kulturspezifische Lichtrezepturen perfektionieren. Die Lichtintensität wird durch die Anpassung des Spektrums nicht beeinträchtigt, sodass keine Glühbirnen oder Leuchtmittel ausgetauscht werden müssen. Die Sekundäroptik sorgt dafür, dass die fein abgestimmte Lichtenergie über und tief unter dem Pflanzendach gebündelt wird, sodass die «punktuelle» Intensität, die bei den meisten LEDs und einigen herkömmlichen Lampen auftritt, vermieden wird.

Die LED 700-ES von EYE HORTILUX erweitert das Standard-LED-Wachstumsspektrum, indem sie Energie außerhalb des PAR-Bereichs liefert, einschließlich Ultraviolett (UV) und Dunkelrot, was ein stärkeres Pflanzenwachstum mit schwereren Blüten fördert. Das dunkelrote Lichtspektrum fördert die Zunahme der Pflanzenbiomasse, löst die Blüte aus, erhöht die Blütengröße und verbessert die Effizienz des gesamten Spektrums.

Das Licht von LEDs kann mit HPS- und CMH-Leuchten kombiniert werden, sodaß es keinen Grund gibt, digitale HID-Leuchten zu verschrotten. Die Kombination von LEDs mit den übrigen Leuchten erhöht die in den Garten gelangende Lichtmenge. Ein Garten mit einer 400-Watt-HPS-Leuchte wird beispielsweise mit 100 Watt LEDs auf das Äquivalent von 600 Watt erhöht. Wenn man 400 Watt LEDs kombiniert, kann man das Äquivalent eines 1000-Watt-HID-Systems erreichen. Ein Vorteil der Kombination von HPS- und LED-Leuchten ist, dass die Pflanzen alle Spektren erhalten, die sie zum Gedeihen benötigen.

LED-Leuchten kosten mehr als HID-Leuchten, sparen aber auf lange Sicht Geld.

LED-Lampen verbrauchen im Vergleich zu HIDs deutlich weniger Strom pro Einheit des erzeugten PAR-Lichts. Verglichen mit den Kosten für den Betrieb einer 1000-Watt-HID für zwölf Stunden am Tag können LEDs erhebliche Stromkosten pro Jahr einsparen. Um die Gesamtkosten für die Anschaffung und den Betrieb einer Leuchte über einen bestimmten Zeitraum zu berechnen, addierst du die Kosten für die Leuchte, die Kosten für die Wartung während der Laufzeit (Austausch der Glühbirnen) und multiplizierst dann die Stromkosten mit den Betriebsstunden. Diese Formel vergleicht die Kosten für die Verwendung einer LED-Leuchte mit denen einer HPS-Lampe mit ähnlicher Lichtleistung für ein Jahr:

$$\left(\frac{\text{Wattzahl Leuchte (Watt)}}{1000\left(\frac{\text{watt}}{\text{kWatt}}\right)} \cdot \text{Stromkosten}\left(\frac{\text{EUR}}{\text{kWatt}\cdot\text{Std}}\right)\right) \cdot \text{Laufzeit}\left(\frac{\text{Std}}{\text{Tag}}\right) \cdot 365\,\frac{\text{Tage}}{\text{Jahr}}\Big)$$

Alternativ kann diese Gleichung auch so abgewandelt werden, dass sie zwei Leuchten einbezieht, um zu ermitteln, wie viele Jahre eine Leuchte betrieben werden muss, wenn man zwei Leuchten miteinander vergleicht:

$$\text{Amortisierung der Investition (Jahre)} = \frac{\text{Differenz Kosten für die Leuchte (Leuchte 1 – Leuchte 2)}}{\text{Differenz Wartungs- und Betriebskosten (Betriebskosten Leuchte 2 – Betriebskosten Leuchte 1)}} \div \text{Laufzeit}\left(\frac{\text{Std}}{\text{Tag}}\right) \div 365\left(\frac{\text{Tage}}{\text{Jahr}}\right)$$

Verglichen mit:

$$\text{Differenz Kosten für die Leuchte} = \text{Leuchte Preis 1} - \text{Leuchte Preis 2}$$

$$\text{Wartungs- und Betriebskosten der Leuchte pro Std.} = \frac{\text{Preis d. Glühlampe}}{\text{Lebensdauer Glühlampe}} + \frac{\text{Wattzahl Leuchte (Watt)}}{1000\,\frac{\text{Watt}}{\text{kWatt}}}\ \text{Stromkosten}\ \frac{\text{EUR}}{\text{kWatt}\cdot\text{Std}}$$

Unterschied für Wartungs- und Betriebskosten der Leuchte pro Stunde =

Wartungs- und Betriebskosten pro Stunde für Leuchte 2 – Wartungs- und Betriebskosten für Leuchte 1

Nachfolgend werden die Parameter und Spezifikationen der Leuchten in den Gleichungen miteinander verglichen. Die beiden ausgewählten Leuchten haben eine ähnliche Lichtleistung und sollten in Bezug auf das Pflanzenwachstum und den Ertrag miteinander vergleichbar sein.

Betriebszeit: 20 Stunden pro Tag
Stromkosten: EUR 0,10 /kWatt-h

LED-Leuchte
Preis der LED: EUR 1400
Wattleistung der LED: 630 Watt
Wartung: EUR 0

HPS-Leuchte
Preis der Leuchte: EUR 330
Wattleistung der Leuchte: 1000 Watt
Wartung: EUR 51 für eine neue Glühlampe alle 5000 Betriebsstunden

$$\text{Differenz Kosten für die Leuchten} = 1245\ \text{EUR} - 320\ \text{EUR} = 925\ \text{EUR}$$

$$\text{Wartungs- und Betriebskosten pro Std. für Leuchte 1} = \text{keine*} + \left(\frac{630\ (\text{Watt})}{1000\frac{\text{Watt}}{\text{kWatt}}} \cdot 0.10\left(\frac{\text{EUR}}{\text{kWatt}\cdot\text{Std}}\right)\right) = \text{EUR } 0.063$$

*LEDs brauchen keinen Glühlampenwechsel und keine Wartung

$$\frac{\text{Wartungs- und Betriebskosten}}{\text{pro Stunde für Leuchte 2}} = \left(\frac{\text{EUR 100 pro Glühlampe}}{\text{5000 Std Laufzeit}}\right) + \left(\frac{1000\ (\text{Watt})}{1000\frac{\text{Watt}}{\text{kWatt}}} \cdot 0.10\left(\frac{\text{EUR}}{\text{kWatt}\cdot\text{Std}}\right)\right) = \text{EUR } 0.12$$

Die endgültige Gleichung lautet:

$$\text{Amortisierung der Investition (Jahre)} = \frac{\text{EUR } 1000}{\text{EUR } 0.12 - \text{EUR } 0.063} \div 18\left(\frac{\text{Std}}{\text{Tage}}\right) \div 365\left(\frac{\text{Tage}}{\text{Jahr}}\right) = 2.67\ \text{Jahre}$$

Wenn die Stromkosten EUR 0,19 pro Kilowattstunde betragen, würde sich die Investition in etwa einem Jahr rentieren.

Obwohl die Anschaffungskosten für eine LED-Leuchte höher sind als für eine HPS-Leuchte, amortisieren sie sich in kurzer Zeit. Es gibt noch weitere Einsparungen durch die LEDs, die hier nicht berücksichtigt sind. Da für die LED-Leuchten weniger Kühlgeräte benötigt werden, sinken die Kosten für die zum Betrieb der Leuchten benötigten Geräte und die Betriebskosten für die Kühlgeräte. Außerdem gewähren viele Energieversorger Rabatte für den Einsatz von LED-Beleuchtung anstelle von konventionellen Lichttechnologien. Da die Preise für LEDs weiter sinken und ihre Effizienz steigt, wird es immer vorteilhafter sein, sie anderen Lichtquellen vorzuziehen. LEDs haben eine so lange Lebensdauer, dass sie erst ersetzt werden, wenn effizientere Lampen verfügbar sind. Aus diesen Gründen sind LEDs oft die beste Wahl.

Hochintensive Entladung

Die hochintensive Entladung (HID) ist ein großer Fortschritt in Bezug auf Helligkeit und Lichtausbeute im Vergleich zu Leuchtstoffröhren. Diese Lampen benötigen weniger Platz und sind hell genug für die zusätzliche Beleuchtung von Gewächshäusern oder als einzige Lichtquelle. HID-Leuchten gibt es mit zwei verschiedenen Lampentypen, die sich in ihrer Effizienz und ihrem Spektrum unterscheiden: HPS-Lampen, die beliebter sind, und CMH-Lampen.

Keramik-Metall-Halogenidlampen (CMH)

Preis pro Lampe: Mäßig
Wirkungsgrad: Mäßig gut, 1,5 μmols/J (Nelson und Bugbee 2014)
Spektrum: Gut für das Wachstum, ausgezeichnet für sekundäre Stoffwechselprodukte und die Gesamtqualität

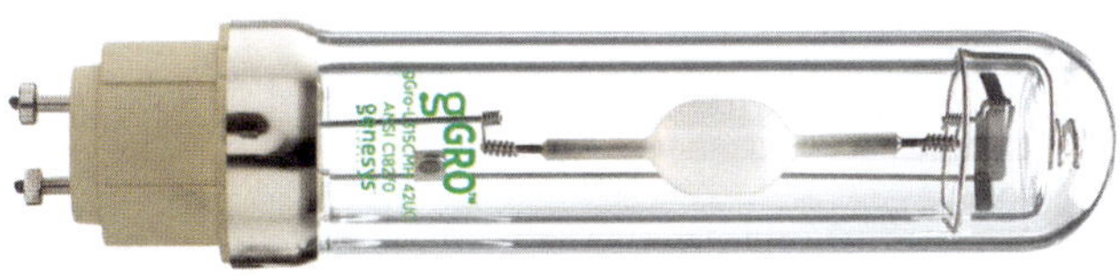

gGRO™ Ceramic Metal Halide (CMH) Lampen von Genesys Global bieten ein Vollspektrum mit +14% mehr rotem und +104% mehr dunkelrotem Spektrum, was das Wachstum und den Ertrag fördert. Die vorhandenen Halogenide sind so optimiert, dass sie einen UV-Anteil für einen höheren THC-Gehalt, ein breites Spektrum für eine höhere Wachstumsqualität und ein verstärktes Rot für mehr Wachstumsvolumen in der Blütephase bieten.

gGRO™ kann so angepasst werden, dass gLED™ und gHID™ kombiniert werden, um in jeder Phase des Pflanzenwachstums eine Optimierung in Bezug auf Variablen wie Standort, Klima und Architektur der Anlage zu erreichen.

Keramik-Metall-Halogenidlampen (CMH) sind die Art von Lampen, die im Freien zur Beleuchtung von Sportveranstaltungen verwendet werden, da sie ein weißes Licht abgeben. Ursprünglich wurden sie als die besten Lampen während der vegetativen Phase des Pflanzenwachstums angepriesen, bevor die Pflanzen zur Blüte gezwungen werden, doch inzwischen ist allgemein anerkannt, dass Pflanzen unter HPS- und LED-Lampen genauso gut vegetativ wachsen wie unter CMH. CMH-Lampen haben den Vorteil, dass sie aufgrund ihrer hohen blauen und niedrigen roten Lichtleistung die Streckung der Internodien während des vegetativen Wachstums minimieren.

CMH-Lampen gibt es, genau wie Leuchtstofflampen, in vielen Spektren. Das ist sehr wichtig, um herauszufinden, wie effektiv eine Lampe ist. Im Allgemeinen werden 15% der von CMH-Lampen verwendeten Energie als PAR ausgestrahlt, im Vergleich zu 13% bei HPS, doch das klare weiße Licht, das von Standard-CMH-Lampen ausgestrahlt wird, hat nur einen geringen Anteil am Rotspektrum. Da Pflanzen rotes Licht für die Photosynthese und die Blüte benötigen, macht sich sein Fehlen bemerkbar. Trotzdem wachsen die Pflanzen unter Halogen-Metalldampflampen schnell und blühen üppig, mit einem stärkeren Austrieb als unter Leuchtstofflampen.

CMH-Lampen können die Lösung für Beleuchtungsprobleme von Pflanzen im Innen- und Außenbereich sein. Im Herbst können keramische Halogen-Metalldampflampen in Hinterhofgärten eingesetzt werden, um den Pflanzen den zusätzlichen Energieschub zu geben, den sie für die Reifung brauchen. Lasse die Lampen tagsüber laufen, um das Umgebungslicht zu ergänzen. Ihr Licht ist zwar sehr hell, aber es ist weiß und nicht so bernsteinfarben wie das der HPS-Lampen, sodass es nicht so ungewöhnlich aussieht.

CMH-Lampen können in der Vegetationsphase verwendet werden. Es gibt sie in den Größen 315, 630 und 1000 Watt. Die 315-Watt-Lampen können problemlos einen 1,2 x 1,2 m (90 x 90 cm) großen Garten beleuchten. Die 630-Watt-Lampe kann einen Garten von bis zu 1,5 x 1,5 m (fünf mal fünf Fuß) beleuchten. Die 1000-Watt-Lampe kann einen Garten von bis zu 1,8 x 1,8 m (sechs mal sechs Fuß) beleuchten. Dies variiert je nach Sorte. Um die Intensität während der Blüte zu erhöhen, kann zusätzliches Licht eingesetzt werden.

CMH-Lampen sind einfach zu bedienen. Die komplette Einheit besteht aus einer Lampe (Glühbirne), einer Halterung (Reflektor) und einem Vorschaltgerät. Die Halterung und die Lampe sind leicht und lassen sich einfach aufhängen. Die Leuchte wird mit einer Kette oder einem Seil aufgehängt und nimmt nur wenig Platz in Anspruch, sodass sie im Garten leicht zugänglich ist.

Die Lampen werden mit zunehmendem Alter schwächer, müssen aber vielleicht schon nach einem Jahr oder weniger ersetzt werden. Um festzustellen, ob die Lampen noch brauchbar sind, brauchst du ein Lichtmessgerät. Es gibt Smartphone-Anwendungen, mit denen du die Lichtmessung durchführen kannst.

Keramik-Metall-Halogenidlampen und ultraviolettes Licht (UV)

Ultraviolettes (UV) Licht besteht, wie bereits erwähnt, aus Spektren jenseits von Blau, die für Menschen unsichtbar, aber für viele Tiere sichtbar sind. UV-Licht wird in drei Bereiche unterteilt – UVA, UVB und UVC. UVB ist entscheidend für die Entwicklung von THC. Die Potenz von Cannabis hängt von der Menge an UVB-Licht ab, die es erhält. Keramische Metalldampflampen geben UV-Licht ab und können zu diesem Zweck verwendet werden.

Selbst wenn die Pflanzen unter HPS-Lampen angebaut werden, erhöht sich die Potenz erheblich, wenn sie in den letzten zwei Wochen der Blütezeit durch Keramik-Metalldampflampen ersetzt werden. Einige CMH-Leuchten sind luftgekühlt und verwenden ein Schutzglas, das UV-Licht absorbiert, bevor es in den Garten gelangt. Die einzige Möglichkeit, von der UV-Leistung zu profitieren, ist, das Glas zu entfernen und andere Maßnahmen zur Kühlung zu ergreifen. Es ist jedoch nicht empfehlenswert, das Glas bei einem luftgekühlten Gehäuse zu entfernen, vor allem, wenn es so viele neuere Möglichkeiten gibt, die dies nicht erfordern. Moderne CMH-Leuchten benötigen weniger Luftkühlung, daher werden sie nicht mehr mit dem schützenden UV-Licht blockierenden Glas hergestellt.

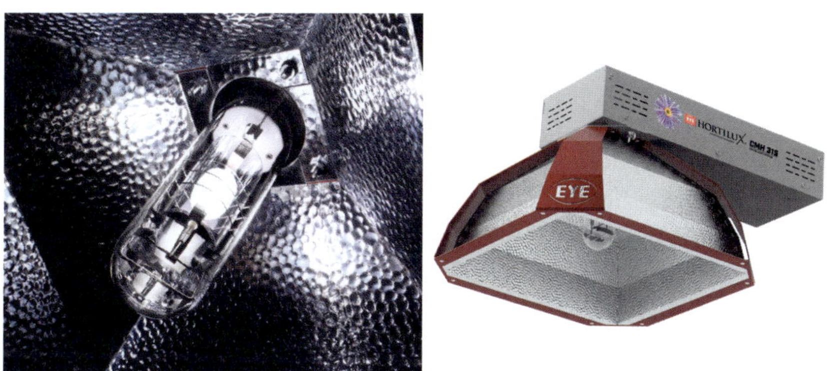

Die EYE HORTILUX CMH 315 Growlampe wurde speziell für den Gartenbau entwickelt und nicht wie die meisten Keramik-Metall-Halogenidlampen für den Einsatz in Verkaufsräumen. Diese CMH-Lampen lassen eine effektive Menge an UV-Strahlung durch, mehr als 50 % im Vergleich zu anderen Lampen, was den Cannabinoidgehalt der Cannabisblüten erhöht.

Natriumdampf-Hochdrucklampen (High Pressure Sodium Lamps, HPS)
Preis pro Lampe: Eher niedrig
Effektivität: Gut, 1,7 µmols/J (Nelson und Bugbee 2014)
Spektrum: Ausgezeichnet für das Wachstum, gut für sekundäre Stoffwechselprodukte und die Gesamtqualität

Natriumdampf-Hochdrucklampen (HPS) geben ein orangefarbenes oder bernsteinfarbenes Licht ab. HPS-Lampen werden häufig als Straßenbeleuchtung eingesetzt. Ihr Spektrum ist stark auf Gelb, Orange und Rot konzentriert und enthält nur einen geringen Anteil an Blau. HPS-Lampen werden in der Regel für die Blüte verwendet, weil sie mehr oranges und rotes Licht liefern als CMH-Lampen und etwas effektiver sind. Das vermehrte rote und gelbe Licht scheint die Blütenproduktion zu fördern.

Gärtner/innen verwenden in der Regel HPS-Lampen mit 400, 600 oder 1000+ Watt, die alle in Geschäften für Indoor-Growing verkauft werden. Die 600-Watt-HPS-Lampen haben einen etwa 7% höheren Wirkungsgrad als die anderen Größen.

HPS-Lampen unterstützen ein schnelles Wachstum sowohl in der Vegetations- als auch in der Blütephase. Sie benötigen in keiner Wachstumsphase eine zusätzliche Beleuchtung, obwohl sie die Internodien der Pflanzen stärker strecken können als ihre CMH-Pendants. Die Marken und Modelle von HPS-Lampen unterscheiden sich sowohl in der Menge des pro Watt abgegebenen Lichts als auch im abgegebenen Spektrum. Einige HPS-Lampen strahlen verstärkt blaues Licht aus, was kräftige, kurze Stiele und Zweige fördert. Da das Licht jedes einzelnen Spektrums von den Pflanzen unterschiedlich verarbeitet wird, fördern einige Lampen mehr Wachstum und Blüte als andere.

Leuchtstofflampen
Preis pro Lampe: Niedrig
Effizienz: Mittelmäßig, 0,8–0,9 µmols/J (nicht zitiert 1,1) (Nelson und Bugbee 2014; Wallace und Both 2016)
Spektrum: Mäßig für das Wachstum, ausgezeichnet für sekundäre Stoffwechselprodukte und die Gesamtqualität

Die Grower nutzen Leuchtstoffröhren seit den Anfängen des Indoor-Anbaus in den 1960er Jahren zur Lichtversorgung. Sie sind preiswert, einfach einzurichten und einigermaßen effizient. Die Pflanzen wachsen und treiben unter ihnen gut aus. Allerdings erzeugen Leuchtstoffröhren nicht die Intensität des Lichts anderer Technologien, sodass sie in der Regel nicht die großen, dichten Blüten hervorbringen, die stärkere Lampen ermöglichen.

Leuchtstoffröhren können verschiedene Spektralbereiche erzeugen, die durch die Art des Phosphors bestimmt werden, mit dem die Oberfläche der Röhre beschichtet ist. Jeder Leuchtstofftyp gibt verschiedene Lichtfarben ab, die in Kelvin angegeben und als «warmweiß», «kaltweiß», «Tageslicht» oder «natürliches Weiß» bezeichnet werden. Diese Namen beschreiben die Art des Lichts, das die Röhre erzeugt, wobei Tageslicht oder natürliches Weiß dem Spektrum der Sonne am nächsten kommen. Lampen mit unterschiedlichen Spektren können in denselben Leuchten verwendet werden.

Kaltweiße Leuchtstoffröhren geben mehr blaues Licht ab als warmweiße. Sie sind in der Vegetationsphase nützlich, weil das blaue Licht ein kräftiges, kompaktes Wachstum der Stiele fördert.

Warmweiße Leuchtstoffröhren geben mehr rotes Licht ab als kühlweiße und werden oft während der Blütezeit eingesetzt, da das rote Spektrum das Blütenwachstum fördert.

Es gibt auch spezielle «Pflanzenwachstums»-Lampen verschiedener Marken für die vegetative Phase. Sie konzentrieren ihre Lichtemissionen im roten und blauen Spektrum, um die Pflanzen mit mehr Energie zu versorgen, erzeugen aber weniger Gesamtlicht.

T12-Lampen sind die am weitesten verbreiteten Leuchtstofflampen und verbrauchen weniger Strom, erzeugen ein schwächeres Licht und geben weniger Wärme ab. Leuchtstofflampen mit hoher Leistung (HO, High Output) sind hochaufgeladen. Sie verbrauchen fast 60 % mehr Strom als normale T12-Leuchtstofflampen. Sie können einen kleineren Garten sehr hell beleuchten und sind eine alternative Lichtquelle, die eine hochintensive Entladungslampe verwendet. Sie sind in T-5-Röhrengröße problemlos erhältlich.

T-5-Leuchtstoffröhren

T-5-Röhren sind 1,5 cm (5/8 Zoll) breit und in verschiedenen Längen erhältlich. Ihre kompaktere Größe bedeutet, dass vier T-5-Röhren pro 30 cm Breite untergebracht werden können. T-5-Röhren sind in Modellen mit hoher Leistung, die in der Regel im Handel verkauft werden, erhältlich. Eine 1,2 m lange Röhre mit hoher Leistung verbraucht 54 Watt und gibt etwa 5000 Lumen ab, fast doppelt so viel wie eine herkömmliche T-5. Eine Reihe von acht 1,2 m langen T-5-Leuchtstoffröhren erzeugt 40 000 Lumen und verbraucht etwa 435 Watt, während eine 400-Watt-HPS 440 Watt verbraucht und etwa 50 000 Lumen erzeugt. T-5-HO-Leuchtstoffröhren verbrauchen etwa 60 % mehr Strom als normale T-5-Leuchtstoffröhren.

Kompaktleuchtstofflampen (Compact Fluorescents, CFL)

Kompaktleuchtstofflampen sind oft die praktischsten Lampen für kleine Gärten. Im Gegensatz zu anderen Leuchtstoffröhren haben sie ein Vorschaltgerät, das in die Glühbirne eingebaut ist, sodass sie in normale Glühbirnenfassungen geschraubt werden können. Es gibt sie als Fluter, gedrehte Röhren und gerade Mini-Röhren. Ein weiterer Vorteil von CFLs ist, dass sie viel Licht aus einem kleinen Punkt liefern. Im Gegensatz zu Leuchtstoffröhren, die ihr Licht über einen großen Bereich abgeben, oft über mehrere Meter, ist es mit den kompakten «Lichtpunkt»-Emissionen einfacher, die Lichtintensität zu erhöhen, indem man sie nahe beieinander anordnet. CFL-Lampen mit großer Leistung gibt es in Größen von 25, 50, 100, 150, 200 und 250 Watt. LEDs haben den Einsatz von CFLs weitgehend verdrängt.

HID-Vorschaltgeräte

HID-Lampen verfügen über ein elektrisches System, das auf eine höhere Spannung, als sie über das Stromnetz geliefert wird, umgestellt werden muss. Das Vorschaltgerät wandelt den eingehenden Strom in die entsprechende Spannung um. Einige Vorschaltgeräte sind von der Leuchte entfernt und durch ein langes Stromkabel verbunden. Das hat den Vorteil, dass die schweren Vorschaltgeräte nicht an der Decke oder anderen tragenden Bauteilen hängen, während der leichtere und weniger sperrige Reflektor und die Glühbirne über dem Pflanzendach angebracht sind. In den meisten großen kommerziellen Indoor-Gärten und Gewächshäusern sind das Vorschaltgerät und die Lampen zusammen angeordnet.

Die alten magnetischen Vorschaltgeräte sind für einen bestimmten Lampentyp und eine bestimmte Wattzahl sowie eine bestimmte Netzspannung, zum Beispiel 110 oder 220, ausgelegt. Sie sind sehr schwer und verbrauchen fast 200 Watt, um eine 1000-Watt-Lampe zu betreiben.

Die meisten digitalen Vorschaltgeräte können sowohl für CMH- als auch für HPS-Lampen derselben Wattstärke und sowohl mit 110 als auch mit 220 Volt verwendet werden. Einige können auch Lampen mit unterschiedlichen Wattstärken betreiben.

Digitale Vorschaltgeräte auf Halbleiterbasis sind noch effizienter und erzeugen ein gleichmäßigeres, das Wachstum fördernde Licht. Sie werden in großem Umfang von kommerziellen Züchtern eingesetzt. Im Vergleich zu magnetischen Vorschaltgeräten sind digitale Vorschaltgeräte praktischer. Sie sind elektrisch effizienter, verbrauchen nur 50–100 Watt, sind leichter und machen keine Geräusche. Außerdem schonen sie die Glühbirne beim Einschalten und regulieren den Strom genauer. Einige können sowohl CMH- als auch HPS-Lampen betreiben. Außerdem sind sie sicherer als magnetische Vorschaltgeräte, da sie über Sicherheitsfunktionen verfügen, die eine Abschaltung bei Problemen gewährleisten.

Beleuchtungszubehör und Lichtreflektoren

Das Licht wird nicht schwächer oder verschwindet mit der Entfernung. Es scheint schwächer zu werden, wenn sich der Lichtstrahl über einen größeren Bereich ausbreitet. Wenn er sich ausbreitet, nimmt seine Intensität ab. Denk einfach an eine Taschenlampe. Wenn der Strahl eng gebündelt ist, hat er am Brennpunkt die gleiche Intensität, die er am Ausgangspunkt hatte. Je größer der Bereich des Gartens ist, den eine Lampe beleuchtet, desto weniger intensiv ist das Licht für die Pflanzen.

Reflektoren sind eine Möglichkeit, das Licht dort zu bündeln, wo es gebraucht wird. Die drei anderen besprochenen Lampentypen – Leuchtstoffröhren, CMH und HPS – strahlen ihr Licht in alle Richtungen ab. Sogar ein Teil des LED-Lichts, obwohl er im Vergleich zu den anderen Lichtquellen gering ist, wird seitlich abgestrahlt, wodurch Licht verloren geht. Nur ein Teil des Lichts trifft direkt auf den Garten. Wird es nicht umgelenkt, beleuchtet das Licht die Wand und die Decke.

Das von den Lampen ausgestrahlte Licht, das die Pflanzen nicht erreicht, wird vergeudet und könnte genauso gut gar nicht erzeugt worden sein. Es gibt viele Lösungen, und bis auf wenige Ausnahmen werden alle mit Lichtreflektoren umgesetzt.

Leuchtstoffröhrenreflektoren

Die Form eines Leuchtstoffröhrenreflektors bestimmt zu einem großen Teil, wie viel Licht die Pflanzen erhalten. Verwende den besten verfügbaren Reflektor. Bei fast allen Leuchten mit Reflektoren liegen die Röhren zu dicht beieinander, sodass nur etwa 60 % des Lichts tatsächlich nach außen dringen können. Der Rest wird zwischen den Röhren gefangen oder springt zwischen den Röhren und dem Reflektor hin und her. Auf dieses Licht könnte ebenfalls genauso gut verzichtet werden, da es nicht auf die Pflanzen trifft.

Wie andere Leuchtstoffröhren strahlen auch CFL-Glühlampen das Licht in alle Richtungen ab. Preiswerte Klemmleuchten mit Schüsselreflektoren helfen, das Licht in den Garten zu lenken. Für größere CFLs gibt es handelsübliche Reflektoren. Gute Reflektoren können die Lichtintensität, die der Garten von den CFLs erhält, verdoppeln.

Die Leuchtstoffröhren, die in Ladenleuchten passen, können durch LED-Röhren ersetzt werden. Sie erzeugen mehr Licht zu einem günstigeren Preis. Neue Leuchten mit 1,2 m langen LED-Röhren sind dimmbar und werden mit Fernbedienungen geliefert.

CMH- und HPS-Reflektoren

Sowohl CMH- als auch HPS-Glühlampen strahlen das meiste Licht in Längsrichtung ab, sodass es seitlich an der Glühlampe austritt. In vielen Leuchten ist die Glühlampe waagerecht angebracht, um dies auszunutzen. Der Reflektor soll den Rest des Lichts nach unten lenken.

Es gibt viele Reflektormodelle, doch je nachdem, wie die Glühlampe angebracht wird, lassen sie sich in zwei allgemeine Typen einteilen: horizontal oder vertikal. Für die meisten Gärten werden horizontal angebrachte Lampen bevorzugt.

Horizontale Reflektoren

Horizontale Leuchten geben aufgrund der Position der Glühlampe und der Richtung, in die das Licht abgestrahlt wird, mehr Licht direkt in den Garten ab. Die Hersteller haben viele Designs entwickelt, und jedes hinterlässt seinen spezifischen beleuchtungstechnischen «Fußabdruck». Einige bündeln das Licht in einem kleinen Bereich, andere sind so konzipiert, dass sie es über einen großen Raum verteilen. Welcher Reflektor für einen bestimmten Garten am besten geeignet ist, hängt von den Abmessungen und der Gestaltung des Gartens ab.

Für kleine Gärten mit einer oder zwei Lichtquellen sind fokussierte Reflektoren besser geeignet. Das Licht wird nach unten gerichtet, sodass der größte Teil des Lichts direkt in den Garten fällt. Reflektoren für gebündelte Lichtstrahlen verringern das seitlich austretende Licht. Größere Gärten bringen kräftigere Pflanzen hervor, wenn die Reflektoren in der Mitte das Licht auf eine größere Fläche verteilen. Die Pflanzen erhalten Licht aus verschiedenen Richtungen, wodurch die Schattenbildung begrenzt wird und ein größerer Teil der Pflanzen die Möglichkeit hat, aktiv Photosynthese zu betreiben. Reflektoren, die sich näher am Rand befinden, sollten trotzdem eng gebündelt sein, damit das Licht im Garten bleibt.

Vertikale (parabolische) Reflektoren

Wenn eine Glühlampe senkrecht ausgerichtet ist, tritt fast das gesamte Licht an der Seite aus und strahlt horizontal auf die Wände ab. Dieses Licht muss nach unten in den Garten gelenkt werden. Keiner der vertikalen Reflektoren ist dafür ausgelegt, das Licht in dem Bereich direkt unter dem Reflektor zu halten, sodass viel Licht aus dem Garten entweicht, wenn es nicht mit zusätzlichen Reflektoren zurückgelenkt wird. Das von ihnen umgelenkte Licht wird über einen sehr großen Bereich gestreut. Einige Reflektoren haben eine verstellbare Glühlampenpositionierung, sodass das Licht etwas gesteuert werden kann, aber die meisten Reflektoren sind zu flach und lassen einen großen Teil des Lichts aus, der dann im Garten verloren geht. Aufgrund ihrer schlechten Konstruktion sind vertikale Reflektoren bei der Lichtlenkung in den Garten sehr unwirtschaftlich. Sie gelten als veraltete Technologie.

Luftgekühlte Leuchten

Lampen geben eine Menge Wärme ab. 1000 Watt Lichtleistung erzeugen etwa 3412 BTU (British Thermal Unit) Wärme, unabhängig davon, ob es sich um Leuchtstoff-, HID- oder LED-Lampen handelt. Allein drei 1000-Watt-Lampen geben die gleiche Wärmemenge ab wie zwei normale elektrische Raumheizungen. Wenn all diese Wärme in einem Garten mit Raumtemperatur freigesetzt wird, muss sie entweder durch Belüftung oder Luftkühlung abgeführt werden.

Luftgekühlte Lichtreflektoren lösen einen Teil des Problems, indem sie die heiße Luft abführen, bevor sie in den Raum gelangt. Die Leuchten haben einen Glasboden, sodass die Lampe vollständig eingeschlossen ist und ein Großteil der Wärme zurückgehalten wird. Sie sind mit 10, 15 oder 20 cm langen Flanschen auf jeder Seite des Reflektors ausgestattet. An jeder Reihe luftgekühlter Reflektoren ist ein gleichgroßer Ventilator mit einem flexiblen Rohr angebracht. Dieser Ventilator saugt kühle Luft an, die in der Regel von außerhalb des Raumes kommt, und leitet sie an jeden einzelnen Reflektor in der Reihe weiter. An der anderen Seite der Reflektoren sind Rohre angebracht, die einen Großteil der Wärme aus dem Raum ableiten. Die Kühlluft strömt durch die versiegelten Rohre und Reflektoren und kommt nie mit der Luft im Garten in Berührung. Sie nimmt die Wärme der Lampen auf, aber absolut keinen Geruch aus dem Raum. Die Luft kann gefahrlos aus dem Raum abgeleitet oder zum Heizen eines anderen Innenraums verwendet werden.

Je nach Qualität des luftgekühlten Reflektors wird bis zur Hälfte der Wärme der Lampe aus dem Raum abgeführt, was das Temperaturmanagement vereinfacht. Das einzige Problem bei luftgekühlten CMH-Leuchten ist, dass das untere Glas der Leuchte UVB-Licht und andere Spektren absorbiert, sodass die Wärme auf Kosten des Lichts abgeführt wird, was wiederum teurer ist.

Eine andere Strategie ist die Verwendung von luftgekühlten Leuchten ohne Glas. Die Luft wird aus dem Gartenraum durch die Schläuche angesaugt, gekühlt und in den Raum zurückgeführt oder mit einem eingebauten Kohlefilter von Gerüchen gereinigt, sodass sie nach draußen abgeleitet oder zum Heizen eines anderen Innenraums verwendet werden kann. Die Luft über dem Pflanzendach wird in den Reflektor gezogen und zieht die Wärme mit sich. So bleibt das Pflanzendach kühl, und das UV-Licht des CMH wird auf den Garten gerichtet.

Professioneller Cannabisanbau unter LED-Lampen ist der aktuelle Trend.

Lichtbeweger

Egal welche Art von Lichtreflektor für HID-Lampen verwendet wird, sie geben das Licht in einem ungleichmäßigen Muster ab. Normalerweise erhält der mittlere Bereich, direkt unter der Lampe, das meiste Licht. Die Intensität des Lichts nimmt mit zunehmender Entfernung vom Zentrum ab. Lichtbeweger helfen dabei, Unterschiede in der Lichtintensität auszugleichen, indem sie die Mitte verschieben, sodass sich der Winkel des Lichts ändert. Wenn sich die Leuchten bewegen, kommt jeder Pflanzenteil immer wieder einmal direkt unter das Licht. Anstatt, dass die Pflanzen in der Mitte mehr Licht erhalten als die am Rand, wird das Licht gleichmäßiger im Garten verteilt.

Schiffchenartige Elemente (shuttles) bewegen die Leuchten in einer geraden Linie entlang einer Schiene hin und her. Die shuttles haben einen standardmäßigen Bewegungsbereich von 1,8 m. Einige Modelle sind jedoch kürzer, und die Strecke, die sie zurücklegen, kann angepasst werden. Selbst wenn die Leuchte nur 30 cm bewegt wird, ändert sich der Winkel des Lichts zur Pflanze. Bereiche, die vorher im Schatten lagen, erhalten nun Licht und reagieren mit verstärktem Wachstum. Mit Hilfe von Aufsätzen können die Lichtbeweger mehrere Leuchten gleichzeitig bewegen. Sie verbrauchen nur wenig Strom und belasten daher das Strombudget kaum.

Diese Geräte erhöhen die Effizienz von Licht und Garten in mehrfacher Hinsicht.

Durch das Bewegen der Leuchten wird das Licht gleichmäßig verteilt. Es gibt weniger Brennpunkte, sodass die Pflanzen gleichmäßiger wachsen. Pflanzen einer einzigen Sorte wachsen zur gleichen Größe heran und reifen zur selben Zeit.

In kleineren Gärten können die Leuchten näher an den Pflanzen platziert werden, sodass diese intensiver beleuchtet werden und weniger Licht aus dem Pflanzendach nach außen dringt.

Das gesamte Gartenwachstum und der Ertrag steigen. Wenn die bisher lichtarmen Bereiche des Gartens mit Licht versorgt werden, steigert sich ihr Wachstum. In kleinen Gärten kannst du mit einer Ertragssteigerung von 10 bis 20% rechnen, wenn du Lichtbeweger einsetzt. Auch bei größeren Flächen steigert das Versetzen der Beleuchtung den Ertrag.

Reflektierende Materialien

Um das Licht zu verstärken, sollte es auf das Pflanzendach gelenkt werden, anstatt Bereiche außerhalb zu beleuchten. Weiße Farbe oder reflektierende Materialien werden verwendet, um sicherzustellen, dass mehr Licht zu den Pflanzen gelenkt wird. Das ist besonders wichtig bei kleineren Gärten im Vergleich zu größeren, wo das Verhältnis zwischen Umfang und Pflanzendach größer ist. Wird das Licht nicht vom Rand zurückgeworfen, geht es verloren.

In viele geschlossene Einheiten oder Zelte sind bereits reflektierende Materialien eingebaut. Das Streichen der Wände, des Bodens und der

Decke ist die häufigste Lösung für Innenräume. Schwarze oder dunkle Wände absorbieren Licht, weiße reflektieren es. Hochreflektierende weiße Epoxidfarbe ist eine einfache Möglichkeit, um sicherzustellen, dass das Licht von den Wänden, dem Boden und der Decke auf die Pflanzen zurückgeworfen wird, es gibt aber auch andere Techniken:

- Mylar ist ein häufig verwendeter Wandbelag, der jedoch zerknittern kann und
- schwieriger zu reinigen ist.
- Panda (weißer und schwarzer) Polyethylen-Kunststoff ist stark reflektierend, leicht zu reinigen und wiederverwendbar.
- Alufolie kann verwendet werden. Sie ist preiswert und recycelbar.
- Aluminisierte Luftpolsterfolie dient auch als Isolierung, ist leicht zu reinigen, wiederverwendbar und kann als Verpackungsmaterial recycelt werden.

Bemessung von Luftentfeuchtern

Luftentfeuchter werden nach der Menge an Feuchtigkeit bewertet, die sie täglich aus der Umgebungsluft entziehen können. Die erforderliche Entfeuchtungsleistung lässt sich anhand der Gesamtwattleistung der Beleuchtung und der Art der Beleuchtung berechnen. Die Lichtleistung zum Antrieb der Photosynthese bestimmt die Transpirationsrate der Pflanzen. Je stärker die Beleuchtung ist, desto schneller transpirieren die Pflanzen. Je mehr transpiriert wird, desto größer ist die benötigte Entfeuchtungsleistung. Die Art der Beleuchtung spielt bei dieser Berechnung eine große Rolle, denn verschiedene Lichttechnologien haben unterschiedliche Wirkungsgrade. LED-Lampen zum Beispiel haben einen anderen Wirkungsgrad als HID-Lampen (High Intensity Discharge), da sie mehr Photonen pro verbrauchtem Watt Strom erzeugen. Eine 600-Watt-LED erzeugt mehr Licht und treibt mehr Photosynthese und Transpiration an als eine 600-Watt-HID Lampe. Daher gibt es je nach verwendeter Lichttechnologie leicht unterschiedliche Faustregeln für die Dimensionierung von Luftentfeuchtern.

Im Durchschnitt werden 0,02 pints (0,095 l) Entfeuchtungsleistung pro Watt HID-Licht benötigt, oder 0,03 pints (0,14 l) Entfeuchtung pro Watt LED-Licht.

Um die erforderliche Entfeuchtungsleistung richtig zu berechnen, verwende die obige Gleichung und befolge diese Schritte:

1. Zähle die Gesamtwattleistung der Beleuchtung im Garten zusammen.
2. Je nach Beleuchtungsart multiplizierst du die Gesamtwattzahl der Beleuchtung mit 0,02 pints (0,095 l) für HID oder mit 0,03 pints (0,14 l)

für LED. Wenn du zum Beispiel 3000 Watt HID-Licht im Raum verwendest, wäre die Gleichung: 3000w x 0,02 pints (0,095 l) = 60 pints (28 l).

In diesem Raum ist ein Luftentfeuchter mit einer Mindestleistung von 28,4 l pro Tag erforderlich.

Bei Verwendung von 3000 Watt LED-Licht in dem Raum: 3000w x 0,03 pints (0,14 l) = 90 pints (42,6 l).

In diesem Raum wird ein Luftentfeuchter mit einer Mindestleistung von 42,6 Litern pro Tag benötigt.

Der Anbau in Innenräumen

Die Entwicklung des Innenanbaus geht auf die Cannabisprohibition zurück. Als der Krieg gegen Drogen begann, ersetzten die Grower die Sonne durch Lampen. Zuerst benutzten sie Leuchtstoffröhren. Die Lampen waren billig und erzeugten eine gute Lichtmenge (60 bis 85 Lumen pro Watt), und die Modelle mit hoher Leistung (HO) und sehr hoher Leistung (VHO), die mehr Strom verbrauchten, um eine höhere Lichtintensität zu erzeugen, waren hell genug, um respektable Erträge an hochwertigen Blüten zu erzielen.

Als der Anbau in Innenräumen immer beliebter wurde, setzten sich Halogen-Metalldampf- und Natriumdampf-Hochdrucklampen (HPS) als Lichtquellen durch, weil sich mit ihnen die Lichtintensität leicht erhöhen ließ, sie nicht so sperrig waren und mehr nutzbares Licht pro Watt erzeugen als Leuchtstoffröhren.

Die neueste Innovation sind LEDs, die effizienter und einfacher zu bedienen sind als andere Leuchtmittel. LEDs sind kostengünstiger, selbst im Vergleich zu einer kostenlosen HPS oder Leuchtstoffröhre. Bedenke, dass die Lampe selbst einen einmaligen Kostenaufwand darstellt. Der teure Teil ist der Strom, der durch die Lampe fließt. LEDs erzeugen mehr nutzbares Licht und einen höheren Ertrag pro Watt, was die Kostendifferenz in ein bis zwei Ernten ausgleicht. Aus diesen Gründen sind LED-Lampen, unabhängig von der Größe des Gartens, sehr empfehlenswert. (Siehe voriges Kapitel.)

In der Vergangenheit wurde die Größe eines Gartens anhand der Fläche gemessen, also Länge mal Breite. Das war während fast der gesamten Geschichte der Landwirtschaft richtig, weil das Sonnenlicht nur die oberste Schicht des undurchsichtigen Blätterdachs erreicht, bevor es in Wärme umgewandelt wird. Der Unterwuchs erhält praktisch kein Licht.

Im Gegensatz dazu wird die Größe eines Innen- oder Gewächshausgartens in Kubikzahl und nicht in Fläche gemessen. Wenn du mehrere Ebenen von Gärten anlegst oder vertikal anbaust, wird der Raum effizienter genutzt.

Es gibt zwei verschiedene Ansätze für den 3D-Anbau: Entweder man legt einen einzigen Garten an, der vertikal wächst, oder separate horizontale Gärten auf mehreren Ebenen.

Gärten mit mehreren Ebenen werden oft in bestimmten Phasen des Wachstumszyklus verwendet. Stecklinge, die zu Klonen bewurzelt werden, werden häufig in 25 x 50 cm (10 x 20 Zoll) großen Schalen auf Stahlgestellen mit drei oder vier Fächern angebaut, die jeweils mit LED-Lichtbändern oder Leuchtstoffröhren beleuchtet werden.

Kolosseum-Strukturen

«Kolosseum»-Strukturen, die aufgrund der Umstellung von HID- auf LED-Leuchten zurückgegangen sind, machen sich den von den Glühbirnen ausgehenden omnidirektionalen Lichtweg zunutze. Bei HID-Lampen, besonders in kleinen Gärten, geht ein Großteil des Lichts im Reflektor verloren oder fällt außerhalb des Pflanzendaches. Größere Gärten sind effizienter, geben aber immer noch Licht ab, das verloren geht.

Die Kolosseum-Struktur enthält Container oder Steinwollpolster auf einem Rahmen von 1,8 x 2,4 m (sechs bis acht Fuß) im Durchmesser. Wenn sie geschlossen ist, bildet sie einen vollständigen Kreis, lässt sich aber öffnen, um in regelmäßigen Abständen und in einer Höhe von etwa 60 cm Platz für die Bepflanzung oder Befestigung von Pflanzen zu schaffen.

Wenn die nackte Lampe im Inneren eines Kolosseums aufgehängt wird, fällt das gesamte Licht direkt auf die Wände und den Boden, auf dem auch einige Pflanzen stehen können. Der einzige Reflektor, der erforderlich sein könnte, befindet sich auf der Oberseite der Lampe und soll verhindern, dass das Licht nach oben und nach außen driftet.

Stadion-Strukturen

Eine andere Version eines mehrstöckigen Gartens sind «Stadion»-Strukturen. Anstatt die Pflanzen in einem Kreis anzuordnen, werden sie auf Stufen platziert, die sich wie Tribünen in einem Stadion auf die gewünschte Länge ausdehnen können. Jede Stufe ist etwa 30 cm höher als die vorige. Mit den Stufen auf beiden Seiten bilden sie ein V, das aus bis zu 10 Stufen bestehen kann, von denen jede etwa einen Meter höher ist als die vorige. Die HID-Lampen werden in der Mitte des Vs angebracht. Für höhere Stadien werden zwei Lampen benötigt. Die Lampen werden so nah beieinander platziert, dass die nötige Lichtintensität gewährleistet ist.

Vertikales Gärtnern im Regal

Mit dem Einsatz von LED-Beleuchtung ist das Gärtnern im Regal aus drei Gründen immer beliebter geworden: Licht, Wärme und Platz.

Unabhängig davon, welches Gerät verwendet wird, erzeugt es die gleiche Menge an Wärme pro Watt. HID-Lampen erzeugen jedoch ein intensives Licht aus einem kleinen Punkt oder einer Linie, das sich ausbreiten muss, und einen Abstand von 1 m zwischen Lampe und Pflanzendach erfordert. Einige LEDs strahlen ihr Licht über einen großen Bereich ab, sodass sie sofort einsatzbereit sind und der Abstand zwischen den Lampen und den Pflanzen geringer ist.

Grow-Glide-Premium-Regale wurden von Cannabisanbauern für andere Cannabisanbauer entwickelt. Dieses vertikale Regalsystem optimiert sowohl den horizontalen als auch den vertikalen Platz im Garten, sodass Indoor-Grower den gesamten Raum optimal nutzen können. Grow-Glide-Regale sind auf Schienen montiert, die bei Bedarf mobile Gänge öffnen, um die Pflanzen zu pflegen und die Arbeitsabläufe zu optimieren. Jede Ebene kann an das Strom-, Wasser- und Bewässerungssystem angeschlossen werden. Die Löcher in den Regalen (die für einen optimalen Schutz elektronisch lackiert und pulverbeschichtet sind) machen die Installation von Lampen zum Kinderspiel. Das flache Entwässerungssystem ist leicht zu reinigen und für den Luftstrom optimiert. Kolosseum-Strukturen werden manchmal höher gebaut, mit zwei Lampen, die jeweils vertikal in der Mitte angebracht sind.

Das Licht von LEDs wird über einen großen Bereich verteilt, was besser ist als die starke Hitze, die bei HIDs von einem kleinen Bereich abgeleitet werden muss. Ein Großteil der LED-Wärme wird in einigen Geräten durch Kühlkörper abgeleitet. Dadurch können die Lampen näher an den Pflanzen platziert werden.

Der dritte Grund bezieht sich auf den Platz, der durch den Einsatz von LEDs frei wird. Anstelle von 1,5 oder 1,8 m hohen Regalen kann ein Regal vom Boden des Behälters bis zur Oberseite der Lampe nur 1,2 m hoch sein. Das schafft Platz für mehrere Regale.

Beleuchtung und Bewässerung sind einfach zu handhaben. Zwei wichtige Überlegungen, die bei allen Duplex- oder Triplex-Systemen schwieriger zu handhaben sind, sind die Sicherheit und die unterschiedlichen Luftbedingungen auf jeder Ebene.

Wenn du über dem Boden arbeitest, muss die Sicherheit an erster Stelle stehen. Wie gelangen die Mitarbeiter an die Pflanzen? Wie kommen die Geräte und Werkzeuge auf die richtige Ebene? Geländer, sichere Treppen, elektronisch steuerbare Speiseaufzüge und Lifte sowie rutschfeste Materialien sind notwendig, um die Sicherheit zu gewährleisten.

Hitze steigt auf, und Feuchtigkeit sammelt sich an, sodass die Luftbedingungen auf jeder Ebene unterschiedlich sind und jede Ebene separat behandelt werden muss. Diese Umweltaspekte werden am besten vor dem Bau oder Kauf einer Anlage berücksichtigt.

Bei einigen Anlagen ist es einfacher, die Vorschriften einzuhalten, wenn du industrialisierte Systeme verwendest, die unter Berücksichtigung der OSHA (Occupational Safety and Health Administration)-Bestimmungen und der Luftbedingungen entwickelt wurden. Eine gut gemachte Anlage, die von Fachleuten erstellt wurde, kann auf lange Sicht viel billiger sein als eine weniger kostspielige Eigenbauanlage.

Beleuchtung des Raums

Einer der Vorteile von LED-Lampen ist, dass das Lichtspektrum bei bestimmten Geräten vom Grower gesteuert werden kann. Unterschiedliche Lichtspektren wirken sich direkt auf die Pflanze aus. LED-Lampen erzeugen viel weniger Wärme als ein Innenraum- oder Gewächshaussystem voller HPS-Lampen.

Lichthersteller können direkt bei der Planung helfen, wenn es um die Lichteffizienz geht. In der Regel stellen sie eine Software zur Verfügung, mit der die Lampen berechnet werden können, die benötigt werden, um ein bestimmtes Lichtniveau auf dem Laubdach der Pflanze zu erreichen. Oft helfen die Hersteller bei der Beleuchtungsplanung, vor allem, wenn sie dadurch guten Umsatz machen können.

Sobald die Pflanzen keimen, brauchen sie Licht. Wenn das Licht nicht intensiv genug ist, streckt sich der Stamm in dessen Richtung. Wenn die Beleuchtung zu viel Wärme erzeugt, können die Blätter des jungen Keimlings verbrennen. Außerdem könnte das Pflanzsubstrat austrocknen, was den Stress für den Setzling noch erhöht. Je nach Intensität der Leuchte muss der Abstand zwischen dem Licht und den frisch gekeimten Setzlingen angepasst werden.

Die Pflanzen können unter LED-Paneelen angekeimt werden, die mindestens 50 cm über der Oberfläche des Nährbodens stehen. Samen können entweder unter normalen T-8- oder T-5-Leuchtstoffröhren oder unter Kompaktleuchtstofflampen (Compact Fluorescent Lamps, CFL) zum Auflaufen gebracht werden. Platziere die Leuchtstoffröhren etwa 5 bis 30 cm über dem Laubdach. T-5-Leuchtstoffröhren und CFL mit hoher Leistung sollten etwa 30 cm über den Pflanzen angebracht werden. Die Pflanzen können auch unter Halogen-Metalldampflampen (HMI) oder Natriumdampf-Hochdrucklampen (HS) angezogen werden oder die Setzlinge kurz nach der Keimung unter diese Lampen gesetzt werden.

HS-Lampen mit einer Leistung von 600 und 1000 Watt sollten etwa 45–90 cm über dem Laubdach angebracht werden, wenn sie luftgekühlt sind, und 90–120 cm, wenn sie nicht luftgekühlt sind. Man kann die Setzlinge unter HS- oder MHI-Lampen keimen lassen oder sie kurz danach unter die Lampen stellen. Man kann sie auch nach draußen stellen.

Je früher die Setzlinge nach der Keimung ins Freie gepflanzt werden, desto schneller passen sie sich an die Umgebung an. Setze sie zur gleichen Jahreszeit ins Freie, in der auch Tomaten und Mais gepflanzt werden. Je nach Breitengrad des Gartens kann die Dunkelheit zu Beginn des Frühjahrs jedoch zu lang sein, sodass einige Sorten zu früh blühen müssen.

Im zeitigen Frühjahr benötigen die Pflanzen in der Regel eine Pause im Nachtzyklus (oder eine Verlängerung der Lichtperiode), damit sie nicht vorzeitig in die Blütephase gehen. Mit einer Zeitschaltuhr wird die Dunkelperiode in der Nacht kurz unterbrochen.

Eine 400-Watt-HS deckt eine Fläche von etwa 55 Quadratmetern mit genug Licht ab, um die Blüte zu stoppen. Es gibt HS-Reflektoren, die eine 1000-Watt-Lampe zum Schwingen bringen, die eine Fläche von 130 Quadratmetern abdeckt. HS-Lampen und warmweiße Leuchtstoffröhren haben einen hohen Anteil an rotem Licht, das von den Pflanzen genutzt wird, um die Blüte zu verhindern.

Rote LED-Lichterketten oder -Leuchtbänder, die dieses Spektrum erzeugen, kommen zum Einsatz, müssen aber für den Außeneinsatz geeignet sein (IP65 und höher).

Kompaktleuchtstofflampen (CFL) können mit einer 24-Watt-Glühbirne pro 0,8 Quadratmeter eingesetzt werden. Schalte die Lampen mit einer Zeitschaltuhr mindestens einmal in der Mitte der dunklen Jahreszeit für eine Minute ein. Mehrere Lichtunterbrechungen können wirksamer sein. Gärtnerinnen und Gärtner mit großen Flächen schalten die Nachtlichter manchmal zeitversetzt ein.

Blaues Licht

Blaues Licht ist eine weitere Möglichkeit der Geschlechtsbestimmung. Wie bereits erwähnt, reagiert die Cannabisblüte sehr empfindlich auf rotes Licht mit bestimmten Spektren. Jede Unterbrechung der Dunkelperiode mit Licht, das den roten 660-nm-Bereich enthält, bringt das Blühhormon Phytochrom Pr (Anm.: Phytochrome red) wieder in seinen inaktiven Zustand Phytochrom Pfr (Anm.: Phytochrome far red) zurück. Dadurch wird die Blüte verhindert.

Blaues Licht mit einer Wellenlänge von 400–450 nm wirkt sich ebenfalls hemmend auf die Blüte aus, seine Wirkung ist aber schwächer als die des roten Lichts. Die Pflanzen bilden einige Blüten aus, wenn das blaue Licht während der Dunkelheit eingeschaltet bleibt; sie wachsen aber auch vegetativ weiter. Mit blauen LED- oder Leuchtstofflampen, die den Pflanzen ausschließlich blaues Licht spenden, werden sie ausreichend stimuliert, um einige Blüten zur Bestimmung des Geschlechts zu bilden, aber nicht in den vollen Blühmodus zu gehen.

Das ist eine gute Methode zur Geschlechtsbestimmung, die jederzeit angewendet werden kann, besonders aber, wenn es sich um eine große Anzahl von Pflanzen handelt. Es brauchen keine Stecklinge entnommen und mit ihren Mutterpflanzen abgeglichen zu werden, sodass es nicht zu Verwechslungen oder uneindeutigen bzw. toten Klonen kommen kann. Sobald eine Pflanze männliche Blüten bildet, entferne sie aus dem Raum. Wenn alle Pflanzen blühen, ersetze das blaue Licht durch eine Vollspektrumlampe, damit die Pflanzen weiter vegetativ wachsen.

Pflanzen nutzen blaues Licht, um die Blüte zu steuern und um Photosynthese zu betreiben. Blaues Licht ist in Innenräumen als Energiequelle für die Photosynthese nicht so effizient wie rotes Licht, weil blaues Licht einen höheren Energiewert als rotes Licht aufweist und mehr Energie zur Erzeugung benötigt. Die Pflanze erhält jedoch von beiden die gleiche Menge an Energie. Wenn das blaue Licht während der Dunkelheit eingeschaltet wird, betreiben die Pflanzen zwar Photosynthese, doch das Wachstum durch das blaue Licht ist nicht signifikant. Es werden nur die Stiele etwas gedrungener.

Absortionsspektren von Phytochrom

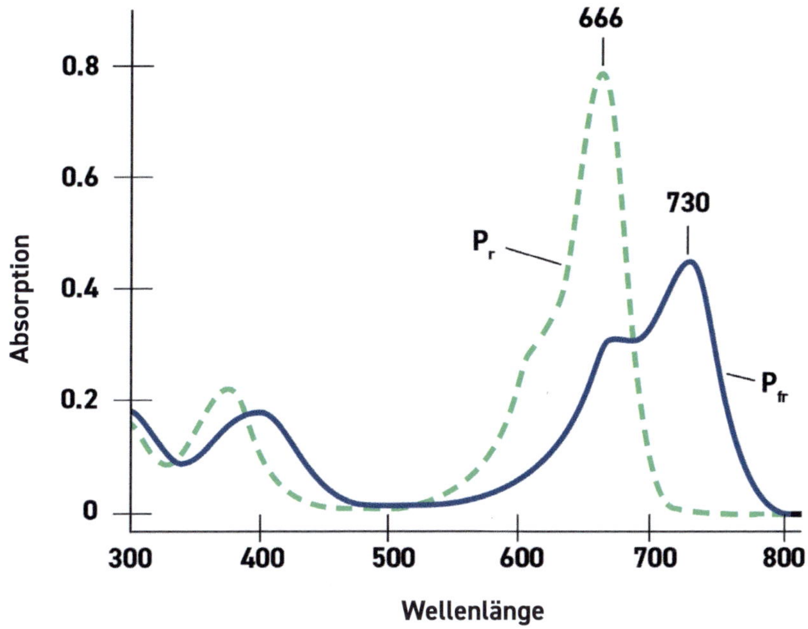

Absorptionsspektren von Phytochrom in ihrer inaktiven (Pr) und aktiven (Pfr) Form. Pfr ist die Form des Phytochroms, die dunkelrotes Licht (~730 nm) am besten absorbiert. Pr absorbiert rotes Licht am besten bei ~666 nm.

Die Wirkung von blauem Licht auf die Blüte ist für Cannabisanbauer wichtiger. Die Phytochrom-Reaktionstabelle zeigt die Empfindlichkeit des Phytochroms Pr-Pfr über das gesamte Lichtspektrum hinweg. Der rote und dunkelrote Teil zeigt eine hohe Aktivität. Das blaue Spektrum weist nur eine kleine Schwankung auf. Das deutet auf eine geringe Aktivität hin. Das Ergebnis ist eine sporadische Blüte bei allen Pflanzen. Rein blaues Licht (400 nm) kann mit LEDs und blauen CFL erzeugt werden. Verwende etwa 10 % blaues Licht pro Watt des normalen Lichts.

Starthilfe für die Blüte

Lange Perioden ununterbrochener Dunkelheit sind der natürliche Auslöser für Cannabis, mit der Blüte zu beginnen.

Dies wird chemisch durch das Phytochrom gemessen, das durch rotes Licht deaktiviert wird. Die inaktive Form wird als Pr bezeichnet. In Abwesenheit von rotem Licht, mit einer Spitze bei 666 nm und Effekten von etwa 500–700 nm, geht Pr innerhalb von etwa zwei Stunden in seine aktive Form Pfr über. Dies beginnt in der Abenddämmerung, wenn die Lampen ausgeschaltet werden oder während der Dämmerung im Freien. Diese Übergangszeit, in der Pfr nur begrenzt wirksam ist, kann wesentlich verkürzt werden.

Pr ist empfindlich gegenüber dunkelrotem Licht mit einer Spitze bei 730 nm und wird in einem Bereich von etwa 700–750 nm beeinflusst. In seiner Gegenwart verwandelt es sich fast sofort in die aktive Form, Pfr. Dieser Effekt kann nützlich sein, um die zweistündige Zeitspanne zu verkürzen, die Pflanzen brauchen, um von der inaktiven zur aktiven Form zu wechseln.

Wenn die Pflanzen in Innenräumen nach dem Ausschalten der Growlampen dunkelrotem Licht (730 nm) ausgesetzt werden, wird Pr viel schneller in Pfr umgewandelt und leitet die Blüte innerhalb einer kürzeren Dunkelperiode ein. Dunkelrotes Licht kann mit LEDs oder einigen Leuchtstoffröhren erzeugt werden. Man kann es auch einsetzen, um die aktive Form des Hormons wiederherzustellen, wenn die Dunkelheit durch Licht unterbrochen wird. Dadurch können die Folgen von Unterbrechungen der Dunkelheit etwas gemildert werden.

Im Freiland haben die Grower keine Kontrolle über die Morgen- und Abenddämmerung, aber sie können die Blüte außerhalb der Saison erzwingen, indem sie die Zeit, in der die Pflanzen unter dem blütenfördernden Einfluss von Pfr stehen, um zwei Stunden verlängern, indem sie dunkelrotes Licht einsetzen. Pflanzen, die 15 Stunden Licht und neun Stunden Dunkelheit erhalten, reagieren aufgrund der zusätzlichen zwei Stunden des aktiven Hormons so, als ob sie elf Stunden Dunkelheit hätten. Die meisten Pflanzen beginnen ihre Blüte bei elf Stunden Dunkelheit, die nach der Bestrahlung mit 730 nm dunkelrotem Licht auf neun Stunden verkürzt wird. Die Pflanzen sollten jeden Abend am Ende der Dämmerung mit dunkelrotem Licht bestrahlt werden. Sie brauchen nur wenige Sekunden des Lichts pro Nacht.

Unbeheizte Gewächshäuser werden oft eingesetzt, um spät blühende Sativas anzubauen, die einen gewissen Schutz vor dem wechselnden

Klima brauchen. Man kann sie auch dafür nutzen, um durch späte Anpflanzung eine Ernte zu erzielen. Indem das schwache Sonnenlicht des Spätherbstes durch Lampen während der Lichtperiode ergänzt wird, kann der Ertrag erheblich gesteigert werden. Die Lichtmenge, die tagsüber eingesetzt wird, kann an die Intensität des Sonnenlichts angepasst werden.

Der Ertrag wird zudem gesteigert, dass die Pflanzen während des gesamten Lichtzeitraums mit voller Intensität belichtet werden (12-Stunden-Zeitplan). Das kannst du im Freien machen.

Spät reifende Sativas können durch Lichtentzug zur Blüte gebracht werden. Wenn du sie im späten Frühjahr oder Frühsommer zur Blüte zwingst, haben sie genug Zeit, um zu reifen.

UVB-Licht und Blütentrieb

Cannabis hat eine sehr erfolgreiche Überlebensstrategie entwickelt. Es lässt sich leicht kultivieren und entkommt der Kultivierung ebenso leicht. Um eine Veränderung herbeizuführen, muss es einen Vorteil für mindestens eine Art geben. Die Menschen haben Cannabis schon immer als blühende und reifende Herbstpflanze geachtet.

Es hat sich jedoch herausgestellt, dass die Interessen der Menschen und die natürlichen Neigungen der Pflanze auseinanderklaffen. John Lydon berichtete in seiner veröffentlichten Doktorarbeit über Experimente mit Cannabis, die aufzeigten, dass die Menge an THC, die eine Cannabispflanze produziert, in einem direkten Verhältnis zu der Menge an UVB-Licht steht, das die Pflanze erhält (Lydon 1985).

Diese Information ist für das hier besprochene Thema deshalb wichtig, weil der Winkel der Sonne zur Erde am ersten Sommertag, wenn das UVB-Licht am intensivsten ist, senkrecht ist. Je schräger der Winkel zwischen Erde und Sonne wird, desto höher ist der Anteil an Licht aus dem roten Spektrum und desto geringer ist der Anteil an blauem und UV-Licht. Im Herbst, wenn die Sinsemilla normalerweise reift, ist nicht nur das Licht viel weniger intensiv; auch die Menge an abgegebenem UVB beträgt nur noch einen kleinen Bruchteil der Menge, die am ersten Tag des Sommers einfällt.

Cannabisknospen, die unter der intensiven Sonne des Frühsommers reifen, werden größer und dichter und sind potenter, als wenn sie unter der schwindenden Sonne und dem wechselhaften Wetter des Herbstes reifen.

UVB-Licht-Tabelle

Die Menge an UVB-Licht, die eine Pflanze erhält, beeinflusst die Produktion von THC und Terpenen. Pflanzen, die unter höheren UV-Werten wachsen, sind potenter. Die Menge an UV-Licht, die ein Gebiet erhält, wird durch den Breitengrad, die Jahreszeit, das Klima und das Wetter bestimmt. Das Licht erreicht den Äquator am direktesten, und dort ist es am intensivsten. Mit zunehmendem Breitengrad erreicht das Licht die Erde in einem schrägeren Winkel, sodass es nicht so intensiv ist.

In der gesamten nördlichen Hemisphäre, zu der Nordamerika und Europa gehören, ist die UV-Strahlung im Dezember und Januar am geringsten. Nach diesen Monaten beginnen die Werte zu steigen. Je weiter der Äquator entfernt ist, desto länger dauert es, bis die Höchstwerte erreicht werden, desto kürzer ist die Spitzenzeit, und desto schwächer ist das Licht.

In San Francisco (37,75 °N) zum Beispiel erreicht die UVB-Strahlung ihren Höhepunkt mit einem UVB-Index zwischen 9 und 11 um den 15. Mai. Dort bleibt er bis zum 15. August. Bis zum 1. September sinkt er auf 8 und im Oktober auf 6. Der UV-Wert kann jetzt zu jeder Zeit und an jedem Ort über Websites und Smartphone-Anwendungen verfolgt oder überwacht werden.

Wenn die Pflanzen während der UV-Spitzenzeit reifen, sind sie am stärksten. Wenn die Saison fortschreitet und die UVB-Werte sinken, erreicht das Cannabis nicht mehr die gleiche Potenz.

Täglicher UV-Index

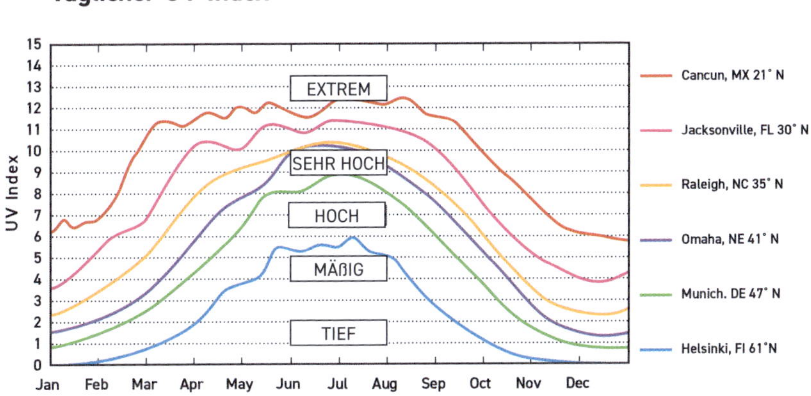

Um die Blüte anzuregen, sollten die Pflanzen jeden Tag elf bis zwölf Stunden im Dunkeln stehen. Das lässt sich auf vielen Wegen erreichen.

LED-Lampen sind zwar in der Anschaffung kostspieliger, jedoch im Unterhalt kostengünstiger als alle anderen Leuchtmittel, außerdem erzeugen sie keine überschüssige Hitze, die den Pflanzen potenziell schaden kann.

Sie reichen von der täglichen Bewegung der Pflanzen an einen dunklen Ort und wieder zurück über das Abdecken des Gartens mit einer undurchsichtigen Plastikfolie oder Tunneln bis hin zu automatisierten Verdunkelungsgärten.

Um die Pflanzen zur Blüte zu zwingen, muss man genau das richtige Zeitfenster finden und die täglichen Veränderungen der Morgen- und Abenddämmerung berücksichtigen, um sicherzustellen, dass die Pflanzen genug Dunkelheit bekommen. Es gibt automatische Systeme, mit denen sich Schattennetze im Gewächshaus steuern lassen.

Es gibt zwei Möglichkeiten, das Licht einzuschränken: Verdunkelung am Morgen oder in der Nacht. Die Verdunkelung am Morgen ist die bevorzugte Methode. Das Verschattungsmaterial wird jeden Morgen vor Sonnenaufgang über den Garten gespannt. Die Pflanzen brauchen elf bis zwölf Stunden Dunkelheit ab Einbruch der Dämmerung. Wenn die Abenddämmerung um 21 Uhr eintritt und die Morgendämmerung um 6 Uhr, sollten die Schattennetze den Garten vor der Morgendämmerung, also vor 5.30 Uhr, bedecken. Sie sollten um 8 Uhr entfernt werden, nachdem elf bis zwölf Stunden lang kein Licht eingefallen ist.

Die andere Methode ist, die Schattennetze am Abend anzubringen. Rechne zwölf Stunden von der Morgendämmerung zurück, die im obigen Beispiel um 6 Uhr war. Die Netze werden um 18 Uhr über dem Garten gespannt. Um 21 Uhr, wenn die Dämmerung vorbei ist und die Nacht beginnt, werden die Netze wieder entfernt, damit die kondensierte Feuchtigkeit in der Nachtluft verdunsten kann.

Um die Pflanzen im Sommer zum Blühen zu bringen, müssen sie jeden Tag die ausschlaggebende Dunkelphase bekommen. Die Pflanzen werden täglich mit einem Verdunkelungstuch abgedeckt, sodass sie elf bis zwölf Stunden Dunkelheit erhalten und zur Blüte gezwungen werden.

In der Spätphase sollten Maßnahmen zur Schimmelvorbeugung ergriffen werden, denn wenn die Pflanzen abgedeckt sind, sammelt sich oft Feuchtigkeit an. Besprühe die Pflanzen mit Kaliumbicarbonat, verdünnter Milch oder anderen organischen Fungiziden, um Pilzbefall zu verhindern.

Der Vorteil, die Netze frühmorgens und nicht vor oder nach der Abenddämmerung über den Garten zu spannen, ist, dass sich der Tau nach der Abenddämmerung absetzt, weil die Temperatur sinkt und die relative Luftfeuchtigkeit steigt. Die Pflanzen bleiben unter der Plane feucht. Wenn du die Plane morgens ausbreitest, hast du es mit weniger Feuchtigkeit zu tun. Je weiter die Abdeckungen von den Pflanzen entfernt sind, desto weniger Auswirkungen hat die Kondensation auf den Garten.

Einige der besten Cannabispflanzen im Freien werden mit dieser Technik angebaut. Die Gründe dafür sind intensiveres Licht, mehr UVB-Licht und bessere Wetterbedingungen mit einer geringeren Wahrscheinlichkeit von kühlem Wetter, das Wachstum und Entwicklung verlangsamt.

Fakten zum UVB-Licht

Ultraviolettes B-Licht (UVB) ist ein Lichtspektrum, das für den Menschen unsichtbar, aber für Insekten und viele andere Organismen sichtbar ist. Beim Menschen verursacht es Sonnenbräune und Sonnenbrand und wird mit der Entstehung von grauem Star in Verbindung gebracht. Bräunungslampen strahlen UVB-Licht ab.

UVB-Licht beeinflusst die Potenz von Cannabis. Die Potenz von hochwertigem Cannabis steigt in direktem Verhältnis zu der Menge an UVB-Licht, die es erhält. Das ist sehr wichtig. Auf den kommerziellen Märkten lehnen viele Abgabestellen einen Großteil des im Herbst im Freien geernteten Materials als minderwertig ab.

Man hatte festgestellt, dass es nicht die Potenz von Indoor-Pflanzen erreicht und stark qualmt. Im Freien angebautes Cannabis, das im Sommer reifen musste, wurde dagegen akzeptiert – weil es eine hohe Potenz hatte und nicht die «ästhetischen Qualitäten» der im späteren Verlauf der Saison geernteten Outdoor-Pflanzen aufwies.

Im Innenbereich, unter Leuchtstoff- und Natriumdampf-Hochdrucklampen (HS), erhalten die Pflanzen nur wenig UVB-Licht. Halogen-Metalldampflampen (MHI) ohne Glasreflektoren geben ein bisschen ab. Es gibt jedoch Möglichkeiten, den Garten mit UVB-Licht zu versorgen. Bräunungslampen, also Lampen, die Menschen bräunen, funktionieren aufgrund des von ihnen abgegebenen UVB-Lichts. Die Verwendung von Bräunungslampen erhöht den THC-Gehalt in der Pflanze. Reptilien und Eidechsen brauchen das UVB-Spektrum, um gesund zu bleiben, deshalb sind 10 % der Leistung von «Reptilien-Leuchtstoffröhren» UVB. Bräunungslampen und UVB-emittierende LEDs sind im Internet erhältlich. Die UVB-Ergänzung muss nur einen kleinen Prozentsatz der gesamten Belichtung im Blühraum ausmachen. Diese Technologie funktioniert, befindet sich aber noch in der Entwicklung. Beginne zunächst mit Tests im Garten.

Grünes Licht bei Nacht

Pflanzen haben sich seit Hunderten von Millionen Jahren entwickelt und sind nie mit einer Trennung der Lichtspektren oder ungewöhnlichen Beleuchtungsarten in Berührung gekommen. Wenn sie Licht erhielten, kam es von der Sonne in einer Mischung aus verschiedenen Spektren, aus denen sie auswählen konnten. Mit dem Aufkommen der Gasbeleuchtung und später der elektrischen Beleuchtung wurden die Pflanzen mit ungewöhnlichen Lichtverhältnissen und aufgesplitterten Spektren konfrontiert.

Pflanzen messen die Tageslänge mithilfe des roten und dunkelroten Lichtspektrums. Sie nutzen zwar auch andere Spektren, sind aber für die meisten von ihnen nicht empfindlich, was die Blüte betrifft.

Sie nutzen weniger grünes Licht als andere Spektren und reflektieren einen Großteil des Lichts, während sie die meisten anderen Spektren absorbieren. Die Unempfindlichkeit der Pflanzen gegenüber grünem Licht kann zum Vorteil des Gärtners genutzt werden. Das Einschalten von rotem oder blauem Licht in der Mitte des Dunkelzyklus stört das Blühschema der Pflanzen. HS-, Leuchtstoff- und MHI-Lampen geben alle rotes Licht ab. Grüne Leuchtstoff- und LED-Lampen enthalten kein rotes Licht und stören die blühenden Pflanzen nur minimal, sodass die Gärtner/innen den Garten während der Dunkelheit betreten können.

Lichtmenge

Es gibt zwei wichtige Methoden, um die Lichtmenge zu messen: die momentane Lichtmenge, die angibt, wie viel Licht in einer bestimmten Sekunde einfällt, und die kumulierte Lichtmenge, also die Gesamtmenge im Laufe eines Tages.

Es gibt verschiedene Methoden zur Messung der aktuellen Lichtmenge, die jeweils einen anderen Aspekt des Lichts am besten beschreiben. Candela, Lumen, Lux und Foot Candles geben an, wie Menschen die Helligkeit von Licht wahrnehmen. Watt pro Quadratmeter ($Watt \cdot m^2$) misst die Gesamtenergie des Lichts.

Die genaueste Art, Licht für Pflanzen zu beschreiben, ist die Anzahl der Photonen oder Quanten. Die Maßeinheit dafür ist Mikromol pro Quadratmeter und Sekunde ($\mu mol \cdot m^{-2} \cdot s^{-1}$). Ein wichtiger Aspekt ist, dass diese Einheiten nicht einfach umgerechnet werden können, vor allem bei unterschiedlichen Lichtspektren. Zum Beispiel haben rote und blaue LEDs sehr niedrige Werte in Lux oder Foot Candles, da sie kein grünes Licht enthalten, aber sie sind in $\mu mol \cdot m^{-2} \cdot s^{-1}$ viel höher und können für das Pflanzenwachstum wirksam sein.

Candela, Lumen, Foot Candle und Lux

Candela (auch Kerze oder Kerzenleistung) ist die grundlegendste internationale Einheit zur Messung des ausgestrahlten Lichts und entspricht der Lichtstärke, die eine gewöhnliche Kerze erzeugt. Candela ist auf die Wahrnehmung des menschlichen Auges abgestimmt, das bei Grün am empfindlichsten ist und bei Rot und Blau weniger empfindlich.

Daraus werden Lumen abgeleitet, denn eine einzelne Candela-Lichtquelle, die gleichmäßig in alle Richtungen strahlt, erzeugt genau 4π (12,6) Lumen.

Foot Candles und Lux beschreiben die Anzahl der Lumen pro Flächeneinheit, wobei Foot-Candles in Lumen pro Quadratfuß und Lux das metrische Äquivalent, also Lumen pro Quadratmeter, sind. Diese Maßeinheiten beschreiben genau, wie hell ein Raum oder eine beleuchtete Straße erscheint, aber sie stimmen nicht mit der Photosynthese und dem Wachstum von Pflanzen überein.

Watt pro Quadratmeter (Watt/m²)

$Watt/m^2$ beschreibt die Gesamtmenge an Lichtenergie und wird oft für das Wetter und in der Solarenergieindustrie verwendet. Kürzere Wellenlängen wie Blau enthalten im Vergleich zu längeren Wellenlängen wie

Rot eine höhere Energie pro Lichtphoton, was in Watt/m^2 berücksichtigt wird. Watt/m^2 ist nützlich, um zu bestimmen, wie stark sich der Boden für die Wettervorhersage aufheizt oder wie viel Strom ein Solarmodul produzieren kann. Da Pflanzen jedoch rote Photonen effizienter für die Photosynthese nutzen, ist dieses Maß für die Einschätzung des Pflanzenwachstums nicht so genau wie Mikromol ($\mu mol \cdot m^{-2} \cdot s^{-1}$).

Mikromol ($\mu mol \cdot m^{-2} \cdot s^{-1}$)

Die genaueste Messung des Lichts in Bezug auf seinen Nutzen für die Pflanzen ist Mikromol pro Quadratmeter pro Sekunde ($\mu mol \cdot m^{-2} \cdot s^{-1}$), oft auch einfach als «Mikromol» der *photosynthetisch aktiven Strahlung* (photosynthetically active radiation, PAR) bezeichnet. PAR umfasst die Wellenlängen des Lichts von 400–700 nm. Einige Forscherinnen und Forscher haben vorgeschlagen, dass PAR auch die Wellenlängen von 701–750 nm einschließen sollte, da tief dunkelrotes Licht die Photosynthese beeinflusst.

Das Sonnenlicht zur Mittagszeit an einem klaren Frühsommertag erzeugt etwa 2000 $\mu mol \cdot m^{-2} \cdot s^{-1}$ (10 000 fc oder etwa 110 000 Lux) auf dem 39. nördlichen Breitengrad in Maryland, das auf einem mittleren Breitengrad der USA liegt. In höheren Breitengraden ist das Licht schwächer, in niedrigeren Breitengraden ist es stärker.

Der *photosynthetische Photonenfluss* (Photosynthetic Photon Flux, PPF) ist die Gesamtzahl der Photonen ($\mu mol \cdot s^{-1}$), die von der Lichtquelle erzeugt werden. Die *photosynthetische Photonenflussdichte* (Photosynthetically Active Photon Flux Density, PPFD) misst die Dichte der Photonen ($\mu mol \cdot m^{-2} \cdot s^{-1}$), die von der Lichtquelle in einer bestimmten Zeit auf die Baumkronen fallen. Diese Messung beschreibt das von den Pflanzen empfangene Licht am genauesten, da sie im Gegensatz zu Lux alle Photonen des Lichts im PAR-Spektrum gleich gewichtet. Wie bereits erwähnt, wird dies in späteren Abschnitten wichtig sein, da LED-Lampen in vielen Wellenlängen emittieren und mit Lux- oder Foot-Candle-Messungen nicht genau mit anderen Lichtquellen verglichen werden können. Da PAR in der Regel in Molen ausgedrückt wird, die Lichtquanten (Photonen) messen, wird PAR auch als Quantenlicht bezeichnet. Die Messung des Quantenlichts ist die einzige Möglichkeit, um sicher zu sein, dass die Pflanzen das gesamte nutzbare Licht erhalten, das sie brauchen.

Neben der Messung des momentanen Lichts ist auch die kumulierte Gesamtlichtmenge wichtig, vor allem im Freien oder im Gewächshaus, wo sich die Helligkeit des Sonnenlichts im Laufe des Tages und der Jahreszeiten ändert. In Innenräumen, in denen die Lichtleistung konstant ist, reicht es aus, die Intensität einer Lampe am Baldachin zu kennen, da sich die Gesamtlichtmenge für den belichteten Zeitraum leicht berechnen lässt. Im Freien oder in Gewächshäusern ist jedoch eine integrierte Lichtmessung, bei der das momentane Licht gemessen und über den Tag summiert wird, aussagekräftiger, und das tägliche Lichtintegral (DLI/ $mol{\cdot}m^{-2}{\cdot}day^{-1}$) ist eine gängige Methode, um dies auszudrücken.

Tägliches Lichtintegral (DLI) $mol{\cdot}m^{-2}{\cdot}day^{-1}$

Das tägliche Lichtintegral (Daily Light Integral, DLI) wird in Mol pro Quadratmeter und Tag ($mol{\cdot}m^{-2}{\cdot}day^{-1}$), kurz Mol, angegeben und definiert, wie viel Licht ein Raum an einem Tag erhält. Um $\mu mol{\cdot}m^{2}{\cdot}s^{1}$ in tägliche Lichtintegrale in $mol{\cdot}m^{-2}{\cdot}day^{-1}$ umzurechnen, multipliziere mit der Anzahl der Sekunden pro Stunde (3600) und der Anzahl der Lichtstunden und teile durch eine Million. Bei Messungen im Freien verwendest du die durchschnittliche Lichtintensität über den ganzen Tag.

$$\text{DLI}\ (\text{mol} \cdot \text{m}^{-2} \cdot \text{Tag}^{-1}) = \frac{\text{Lichtintensität}\ (\mu\text{mol} \cdot \text{m}^{-2} \cdot \text{s}^{-1}) * 3600 \left(\frac{\text{Sekunden}}{\text{Stunden}}\right) * \frac{\text{Stunden Licht}}{\text{Tag}}}{1\,000\,000\ (\frac{\mu\text{mol}}{\text{mol}})}$$

Wenn zum Beispiel Pflanzen in Innenräumen mit einem Licht wachsen, das 1000 $\mu mol{\cdot}m^{-2}{\cdot}s^{-1}$ für 20 Stunden pro Tag erzeugt, wären das 1000 x 3600 (Sekunden in einer Stunde) x 20 Stunden für 72 $mol{\cdot}m^{-2}{\cdot}day^{-1}$.

$$72\ \text{mol} \cdot \text{m}^{-2} \cdot \text{Tag}^{-1}) = \frac{1000\ \mu\text{mol} \cdot \text{m}^{-2} \cdot \text{s}^{-1}) * 3600\ \frac{\text{Sekunden}}{\text{Stunde}} * \frac{\text{20 Stunden}}{\text{Tag}}}{1\,000\,000\ \frac{\mu\text{mol}}{\text{mol}}}$$

Bei einer zwölfstündigen Fotoperiode wären das 43,2 $mol{\cdot}m^{-2}{\cdot}day^{-1}$.

$$72\ \text{mol} \cdot \text{m}^{-2} \cdot \text{Tag}^{-1}) = \frac{1000\ \mu\text{mol} \cdot \text{m}^{-2} \cdot \text{s}^{-1}) * 3600\ \frac{\text{Sekunden}}{\text{Stunde}} * \frac{\text{20 Stunden}}{\text{Tag}}}{1\,000\,000\ \frac{\mu\text{mol}}{\text{mol}}}$$

Der DLI für Gärten im Freien variiert je nach Breitengrad, Jahreszeit und Wetterlage erheblich. In den mittleren Breitengraden der USA zum Beispiel ergibt ein sonniger Sommertag einen DLI von etwa 26 Mol pro Tag. Wenn es bewölkt ist, sinkt der DLI auf etwa zwölf Mol pro Tag. Im Hochwinter ergibt ein sonniger Tag einen DLI von etwa 9 Mol pro Tag, und bei Bewölkung sinkt er auf nur 3 Mol.

DLI-Karten

Der DLI verändert sich mit den Jahreszeiten. Glücklicherweise wurden die Veränderungen des DLI nach Gebiet quantifiziert, und es gibt eine großartige interaktive Karte im Internet, auf der du sehen kannst, wie viel Licht in einem beliebigen Monat an einem beliebigen Ort im Freien zu erwarten ist (fluence-led.com/science-articles/introducing-the-concept-of-dli-to-the-world/) (Korczynski 2002; Faust und Logan 2018).

Lichtdauer

Der Begriff für die Gesamtdauer des Lichts, das eine Pflanze an einem Tag erhält, ist «Photoperiode» und wird normalerweise in Stunden gemessen. Die Photoperiode ist wichtig, da sie sowohl beeinflusst, wie viel Photosynthese die Pflanze betreiben kann, als auch der Pflanze signalisiert, ob sie blühen wird.

DLI und Photoperiode

Die Dauer der Photoperiode ist wichtig für die Photosynthese, da die Pflanzen bei einer längeren Photoperiode mehr wachsen, wenn der DLI gleich ist (Koontz und Prince 1986). Bei gleichem DLI ist schwächeres Licht über längere Zeit besser als helles Licht über eine kürzere Zeit. Während des vegetativen Wachstums sorgen die meisten Grower für 16 bis 24 Stunden Licht. Die Pflanzen dürfen keine lange Dunkelheit ohne Unterbrechung erfahren.

Photoperiodismus

Der Blütezyklus von Cannabis wird durch kurze Tage eingeleitet, doch der Begriff «Kurztag» ist eine falsche Bezeichnung: Was Cannabis zum Blühen braucht, ist eine ausreichend lange Dunkelperiode.

Blühbeginn

Die meisten Cannabissorten (außer Autoflowering) blühen nur, wenn sie eine tägliche Dunkelperiode erfahren, die je nach Sorte sehr unterschiedlich ist. Die Einstellung der Beleuchtung auf einen Zwölf-Stunden-Licht- und Zwölf-Stunden-Dunkelzyklus wird am häufigsten verwendet, um eine kräftige Blüte auszulösen. Diese Zeitspanne ist althergebracht; es kann jedoch auch eine kürzere ausschlaggebende Dunkelheitsphase eingesetzt werden. Wenn diese ausschlaggebende Dunkelperiode an fünf bis sieben aufeinanderfolgenden Tagen auftritt, wechselt die Pflanze vom vegetativen zum blühenden Wachstum.

Diese Tomatenpflanzen wurden bei verschiedenen Photoperioden mit demselben DLI angebaut. Auf jedem Topf sind zwei Zahlen angegeben: die Photoperiode, die zwischen 12 und 24 Stunden liegt, und der DLI, der für alle Pflanzen 20 beträgt. Die Daten zeigten durchgängig eine Zunahme der Biomasse und des Wachstums bis zu 21 Stunden, danach flachten sie ab oder nahmen je nach Art ab. Blattgemüse wie Kopfsalat unterschieden sich nicht zwischen 21 und 24 Stunden, aber Pflanzen wie Tomaten, Gurken und Petunien waren bei 24 Stunden Licht deutlich kleiner als bei zwölf Stunden. Foto: Jake Holley

Photoperiodenunterbrechung

Cannabis ist eine «Kurztagespflanze». Sie misst die Anzahl der Stunden *ununterbrochener* Dunkelheit, um zu bestimmen, wann sie die Blüte einleitet. Dazu produziert sie ständig eine Gruppe von lichtempfindlichen Proteinen, die *Phytochrome* genannt werden. Sie werden durch rotes Licht, das die Pflanzen den ganzen Tag über erhalten, deaktiviert. Wenn es dunkel wird, werden sie innerhalb von zwei Stunden aktiv oder sofort, wenn mehr dunkelrotes als rotes Licht einfällt, wie bei Sonnenuntergang. Wenn der Phytochromspiegel einen bestimmten Wert erreicht, wird die Blüte eingeleitet. Jede Sorte hat eine ausschlaggebende Periode, das heißt die Mindestanzahl von Stunden ununterbrochener Dunkelheit, die sie benötigt, um zu blühen.

Cannabis reagiert während der Dunkelheit empfindlich auf Licht, und zu viel Licht zu einem beliebigen Zeitpunkt des Blütezyklus wirkt sich negativ auf die Blüte aus oder verhindert sie sogar. Rotes Licht (660 nm) hemmt die Blüte am effektivsten. Eine sehr geringe Lichtintensität, nur zwei Mikromol, ist nur für wenige Sekunden erforderlich, um den Dunkelheitszyklus zu unterbrechen. Stell dir einen Wasserstrahl vor, der die gesamte Vegetation benetzt. Das ist der «Lichtspray». Die gesamte Pflanze muss mit Licht «besprüht» werden, denn die Blühreaktion ist lokal begrenzt. Teile der Pflanze, die nicht besprüht werden, blühen, während der besprühte Teil gehemmt wird.

Mit dieser Information können Gärtner/innen den Zeitpunkt der Blüte sowohl im Freien als auch in Innenräumen beeinflussen. In Innenräumen schaltet der Gärtner das Licht aus und schirmt den Blühraum gegen jegliches Licht ab.

Im Freien können Gärtner/innen Lichtsprays verwenden, um die Blüte zu verhindern.

Lichtentzug, das heißt das Abdecken der Pflanzen mit einer lichtundurchlässigen Folie, die verhindert, dass Licht zu ihnen gelangt, wird eingesetzt, um die Blüte in Zeiten kurzer Nächte, wie im späten Frühjahr und Sommer, zu fördern und zu erhalten.

Vorsicht beim Einsatz von grünem Licht: Es ist nicht so «sicher», wie oft angenommen wird (Baskin und Baskin 1978). Obwohl grünes Licht die Blüte nicht so stark hemmt wie rotes, hemmt zu viel grünes Licht über einen zu langen Zeitraum die Blüte durchaus (Park und Jeong 2019).

Wenn während der Dunkelheit gearbeitet oder die Pflanzen angeschaut werden müssen, ist es wichtig, sich kurz zu halten und so wenig Licht wie möglich einzusetzen. Ein gelegentliches grünes Licht wird die Pflanzen aus zwei Gründen nicht von der Blüte abhalten:

- Die Unterbrechung der Dunkelperiode, die das Blühen verhindert, muss jeden Abend stattfinden (Borthwick und Cathey 1962). Ein gelegentlicher Lichteinfall wird den Blühprozess nicht aufhalten; er kann jedoch den Ertrag verringern oder die Reifezeit verlangsamen, da weniger Blüten gebildet werden und die Reifung mehr Zeit in Anspruch nimmt, wenn er häufig auftritt.
- Die Pflanzen reagieren viel weniger empfindlich auf grünes als auf rotes Licht, sodass sie nicht so stark beeinträchtigt werden.

In den ersten Wochen der Blüte sind die Pflanzen viel stärker von Lichtunterbrechungen betroffen als in späteren Stadien. Das Einschalten der Beleuchtung in den letzten Wochen der Blüte hat weit weniger Auswirkungen auf den Prozess als eine Lichtverschmutzung während der frühen Blüte.

Lichtqualität

Die Qualität des Lichts zeigt sich in seiner Farbe bzw. seinem Spektrum. Das Lichtspektrum ist nützlich, um die Wachstumsgewohnheiten der Pflanze zu lenken und zu einer gesunden Photosynthese beizutragen. Vergleichbar mit einem Auto: Wenn die Lichtintensität das Gaspedal ist, um die Geschwindigkeit der Photosynthese zu erhöhen, ist die Lichtqualität das Lenkrad. Mit verschiedenen Lichtfarben können die Anbauer/innen den Ertrag, den Geschmack, die Farbe, das Wachstum, die Blüte und sogar den Schweregrad von Schädlingen und Krankheiten beeinflussen (Davis und Burns 2016).

Die in diesem Abschnitt beschriebene Lichtfarbe ist Teil des elektromagnetischen Spektrums, das zwischen den Wellenlängen von 280 und 800 Nanometern (nm) liegt und für das Wachstum und die Entwicklung von Pflanzen von Bedeutung ist. Im Gartenbau wird der Regenbogen der Farben auf einige wenige abgekürzt: Blau (400–499 nm), Grün (500–599 nm) und Rot (600–699 nm). Weißes Licht wird durch die Kombination aller Wellenlängen zwischen 400 nm und 700 nm erzeugt. Ultraviolettes Licht liegt zwischen 200 nm und 399 nm, mit UVC (200 bis 279 nm), UVB (280 bis 315 nm) und UVA (315 bis 399 nm). Darüber hinaus liegt der Bereich des dunkelroten Lichts zwischen 700 und 750 nm, obwohl die meisten dunkelroten Lichtquellen bei 730 nm emittieren (Both et al. 2017). In Wirklichkeit ist die Definition von Licht über die Farbe viel komplexer, da sich Wellenlängen innerhalb einer Farbe (425 vs. 450 nm) unterschiedlich auf das Wachstum auswirken können, und es ist auch bekannt, dass verschiedene Wellenlängen synergistische Effekte untereinander aufweisen.

Photosynthetisch aktive Strahlung (PAR)

Mehrere definierte Bereiche des Spektrums und die dazugehörigen Akronyme werden verwendet, um die Wellenlängen des Lichts für das Pflanzenwachstum zu beschreiben, insbesondere die photosynthetisch aktive Strahlung. PAR definiert das Licht, das Pflanzen nutzen können, um Energie für die Photosynthese zu gewinnen, von 400 nm (blau) bis 700 nm (rot), wobei auch Lichtwellenlängen bis 752 nm die Photosynthese noch positiv beeinflussen können (Cathey 1980; Sager 1984; Hogewoning et al. 2012; Zhen et al. 2019). Licht mit einer Wellenlänge von 280–399 nm und 700–750 nm kann bei Pflanzen Reaktionen, wie zum Beispiel die Produktion von Terpenen und Cannabinoiden, auslösen oder die Blüte beeinflussen, während es hingegen nicht unbedingt zur Photosynthese beiträgt. Diese Wellenlängen werden manchmal in einem breiteren Spektralbereich als PAR erfasst, der als photobiologisch aktive Strahlung (Photobiological Active Radiation, PBAR) bezeichnet wird, weil die Wellenlängen mehr als nur die Photosynthese beeinflussen können. Wenn du die Unterschiede zwischen den Lichtspektren und ihre Wirkung auf die Pflanzen verstehst, kannst du sicherstellen, dass die Pflanzen alles bekommen, was sie zum Gedeihen brauchen.

Absorbtionsspektren

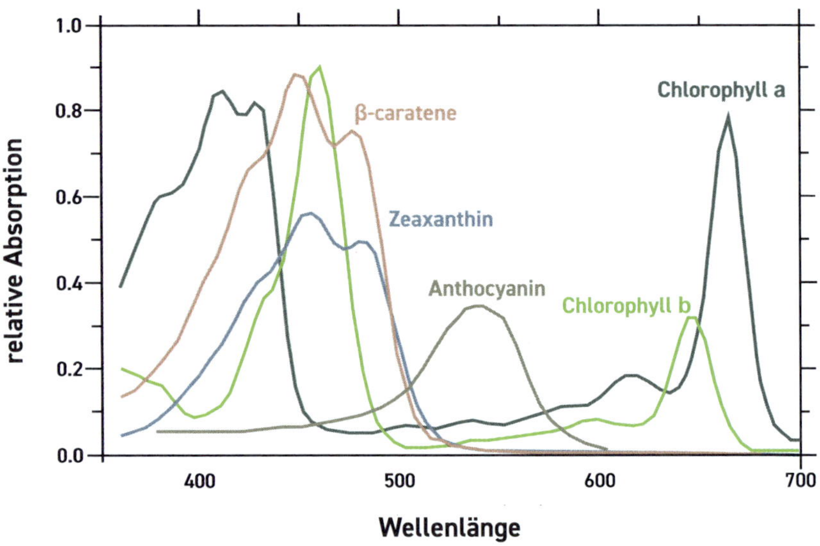

Dieses Diagramm zeigt die relative Absorption verschiedener Pflanzenpigmente über das Spektrum der photosynthetisch aktiven Strahlung. Diese Pigmente absorbieren hauptsächlich Licht im blauen und roten Spektrum, aber es gibt auch noch eine Absorption im grünen/gelben/orangen Spektrum, die ebenfalls die Photosynthese antreibt.

Die McCree-Kurve - Aktives Spektrum der Photosynthese

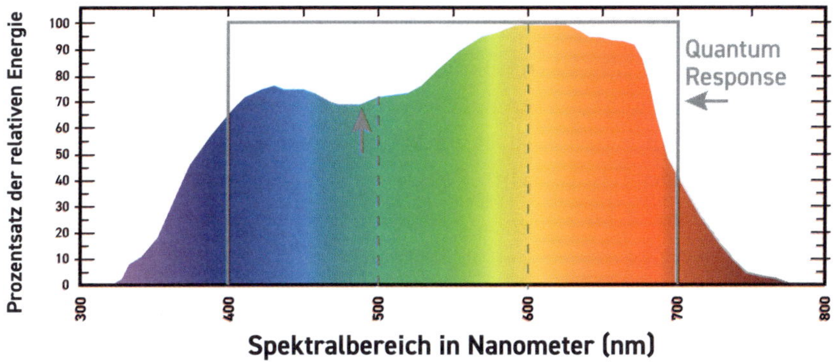

Die McCree-Kurve stellt die photosynthetische Quanteneffizienz über das Spektrum der photosynthetisch aktiven Strahlung dar. Sie zeigt die reale photosynthetische Effizienz einer Pflanze. Diese Kurve bietet Einblick in die Gestaltung des Spektrums der künstlichen Beleuchtung. QUELLE: Smart Grow Technologies

Wirkungen des Lichtspektrums

Weiß (400–700 nm)

Weißes Licht ist eine Kombination aus allen Wellenlängen des sichtbaren Lichts und wird manchmal auch als breites Spektrum bezeichnet. Die Sonne strahlt weißes Licht aus, und Pflanzen haben sich so entwickelt, dass sie dieses Licht effektiv nutzen können. Da Pflanzen ein breites Lichtspektrum nutzen, benötigen sie für ein gesundes, optimales Wachstum eine gewisse Variation der Lichtfarbe.

Rot (600–699 nm)

Rotes Licht ist das wirksamste Licht zur Förderung der Photosynthese (McCree 1971). Eine Pflanzenbeleuchtung mit einem hohen Anteil an rotem Licht lässt die Pflanzen effektiver wachsen als andere Lichtspektren; für sich allein ist dieses Licht jedoch nicht wirksam (Massa et al. 2008; Hernandez et al. 2016).

Dunkelrotes Licht (700–750 nm)

Dunkelrotes Licht hat wichtige Auswirkungen auf die Photosynthese, die Photomorphogenese und die Blüteninduktion bei Pflanzen. Dunkelrotes Licht erhöht die Photosyntheserate anderer Lichtquellen in einer synergetischen Weise, die größer ist als die Addition dieser Lichtquellen unabhängig voneinander, obwohl es außerhalb des PAR-Bereichs liegt (Zhen und van Iersel 2017; Hogewoning et al. 2012). Darüber hinaus hat sich gezeigt, dass dunkelrotes Licht bei Kurztagespflanzen die Blüte fördert (Cathey und Borthwick 1957).

Verhältnis von rotem zu dunkelrotem Licht

Einer der bekanntesten Spektraleffekte ist das Verhältnis von rotem zu dunkelrotem Licht. Ein niedriges Verhältnis (das heißt ein hoher Anteil an dunkelrotem Licht) führt dazu, dass sich die Pflanzen strecken und die Blätter ausdehnen. Wenn du Glühbirnen für die Nachtunterbrechung verwendest, strecken sich die Pflanzen aus diesem Grund. Ein hohes Verhältnis von rotem zu dunkelrotem Licht trägt dazu bei, dass die Pflanzen gedeihen (Franklin 2008). Verwendung von Dunkelrot zu Beginn der Dunkelperiode in dem Versuch, die Blüte zu fördern, verursacht gestreckte und höhere Pflanzen (Lund 2007).

Phytochrome

Die wichtigsten aktiven Photorezeptoren für rotes Licht sind die Phytochrome. Phytochrome gibt es in zwei austauschbaren Formen: Das «rotabsorbierende» Pr und das «dunkelrotabsorbierende» Pfr. Wenn Pr Licht absorbiert, wechselt es zu Pfr und umgekehrt. Obwohl Pr bei 660 nm und Pfr bei 730 nm am stärksten absorbiert, nehmen beide Zustände etwas Licht im Bereich von 300 nm bis mindestens 750 nm auf (Butler et al. 1964; Stutte 2009). Phytochrome können mit grünen und gelben Wellenlängen zu Pfr induziert werden (Shinomura et al. 1996; Wang und Folta 2013). Das Gleichgewicht zwischen Pr und Pfr wird als Phytochrom-Photostationärzustand (PSS) bezeichnet und ändert sich immer dann, wenn Licht vorhanden ist. Dies ist wichtig für einige der Unterschiede in den Wachstumsgewohnheiten, die bei verschiedenen Spektren beobachtet werden. Pfr absorbiert nicht nur Licht, sondern geht in der Dunkelheit auch in Pr über, was die Grundlage dafür ist, dass für die Blüte dunkle Perioden erforderlich sind (Borthwick und Cathey 1962).

Blau (400–499 nm)

Blaues Licht ist nachweislich entscheidend für die Entwicklung gesunder Pflanzen, da die Chlorophyllentwicklung blaues Licht benötigt und bei ausschließlich rotem Licht nicht richtig abläuft (Massa 2008). Ein hoher Anteil an blauem Licht trägt dazu bei, dass die Pflanzen kräftig bleiben (Hernandez 2016a, 2016b). Außerdem regt blaues Licht die Produktion von Sekundärmetaboliten an, ähnlich wie eine höhere Lichtintensität (Hogewoning 2010). Obwohl die Forschung nicht mit Cannabis validiert wurde, könnte mehr blaues Licht die THC- und CBD-Produktion erhöhen.

Kryptochrome, Phototropine und Licht-Sauerstoff-Spannungssensoren

Blaues Licht fördert die Photosynthese und aktiviert gleichzeitig eine Vielzahl wichtiger Photorezeptoren, darunter Kryptochrome, Phototropine und Licht-Sauerstoff-Spannungssensoren (LOV). Diese Photorezeptoren sind wichtig für die Entwicklung der Chloroplasten, die Öffnung der Stomata, den zirkadianen Rhythmus und die Produktion von Sekundärmetaboliten (Cashmore 1999; Ouzounis 2015; Pocock 2015; Kopsel et al. 2015).

Grün (500–599 nm)

Die Wahrnehmung und Nutzung von grünem Licht durch Pflanzen ist ein häufig missverstandenes Thema. Die Photosynthese, die durch die Absorption von grünem Licht angetrieben wird, ist fast so effizient wie die von blauem Licht und trägt möglicherweise sogar mehr zur Photosynthese der ganzen Pflanze bei, da grünes Licht stärker in die Blätter und das Kronendach eindringt als rotes und blaues Licht (McCree

1972; Smith et al. 2017). Es wird sogar vermutet, dass es einen für grünes Licht spezifischen Photorezeptor gibt (Pocock 2015; Mccoshum und Kiss 2011; Folta und Carvalho 2015; Zhang und Folta 2012). Grünes Licht ist kein verschwendetes oder für Pflanzen unsichtbares Licht und spielt sowohl bei der Photosynthese als auch bei der Signalübertragung in Pflanzen eine wichtige Rolle.

UVA und UVB

UVA-Licht hat die Wellenlänge des unsichtbaren Anteils der Emissionen von Schwarzlicht. Es trägt dazu bei, die durch UVB-Licht verursachten Schäden an der Pflanzen-DNA rückgängig zu machen. UVB-Licht beeinflusst die Potenz hochwertiger Pflanzen. Die Menge an Cannabinoiden und Terpenen, die eine Pflanze produziert, steigt, wenn sie mehr UVB-Licht erhält. Dieses Licht kann den Pflanzen in Innenräumen mit der richtigen Beleuchtung zugeführt werden. Im Freien ist die UVB-Lichtmenge zu Beginn des Sommers am höchsten und nimmt im Spätsommer ab, je nach Breitengrad. Im Frühherbst umfasst die Menge nur noch einen Bruchteil des Sommerniveaus. Beim Menschen führt UVB zu Bräunung und Sonnenbrand.

UVR8

Die UV-Wahrnehmung der Pflanzen wird durch den UVR8-Photorezeptor gesteuert. Dieser Rezeptor wird mit den Reaktionen auf UV-Licht in Verbindung gebracht, zum Beispiel mit der Pigmentierung, dem Wachstum der Blätter und der Toleranz gegenüber UVB-Licht (Jenkins 2014). Die Aktivierung von UVR8 stimuliert die Produktion von Terpenen, Anthocyanen und anderen Flavonoiden (Folta und Carvalho 2015). Die Wetter-App auf iPhones zeigt den UV-Gehalt auf einer Skala von 1–11+ an.

Jenseits des Regenbogens: Was dafür spricht, Dunkelrot in PAR zu integrieren

Das elektromagnetische Spektrum ist der Frequenzbereich der elektromagnetischen Strahlung, von der hochenergetischen, kurzwelligen, ionisierenden Strahlung der Gammastrahlen bis zu den niederenergetischen, langwelligen Radiowellen. Es gibt einen Bereich im Spektrum mit Wellenlängen zwischen 400 und 700 nm, der für Pflanzen besonders wichtig ist. Die Strahlung in diesem Bereich wird als photosynthetisch aktive Strahlung (PAR) bezeichnet. Strahlung mit einer Wellenlänge von 400 nm ist blaues Licht, während sie bei 700 nm rot ist. Alles dazwischen ist Teil des sichtbaren Lichtspektrums, das man sieht, wenn das Sonnenlicht durch Nebel oder Regen als Regenbogen scheint.

PAR ist auch der Bereich des Lichts, den Pflanzen für die Photosynthese absorbieren können; Chlorophyll absorbiert jedoch hauptsächlich rotes und blaues Licht. In der Vergangenheit wurde das Absorptionsspektrum von Chlorophyll gemessen, indem Chlorophyll mit bestimmten Lösungsmitteln aus einem Blatt extrahiert und dann sichtbares Licht durch eine Lösung des extrahierten Pigments geleitet wurde. Das bedeutet nicht, dass akzessorische Pigmente keine anderen Farben im PAR-Spektrum absorbieren. Pflanzen reflektieren viel grünes Licht, weshalb die Blätter grün erscheinen, aber sie nutzen das grüne Licht auch sehr effizient für die Photosynthese (Terashim et al. 2009).

Im Jahr 2020 veröffentlichten Dr. Shuyang Zhen und Bruce Bugbee zwei Arbeiten, die darauf hindeuten, dass PAR möglicherweise erweitert werden muss, um mehr als nur Licht im Bereich von 400–700 nm zu erfassen (Zhen & Bugbee 2020). Dunkelrotes Licht (700–750 nm) liegt knapp oberhalb des PAR-Spektrums. In der Vergangenheit haben Pflanzenwissenschaftler dunkelrotes Licht als wesentlich für die Regulierung des Photoperiodismus bei Pflanzen wie Cannabis beschrieben, aber nicht als Teil des Spektrums, das die Photosynthese antreibt. Die neuen Forschungsergebnisse deuten darauf hin, dass dies nicht der Fall sein könnte. Dr. Zhen und Dr. Bugbee führten Experimente durch, um die Photosyntheseraten verschiedener Pflanzen zu messen, wenn sie mit PAR bzw. PAR mit dunkelrotem Licht behandelt wurden. Die Behandlung mit dunkelrotem Licht führte zu einem Anstieg der Photosynthese, entsprechend der Bereitstellung von zusätzlichem Licht im Spektrum von 400–700 nm. Dunkelrotes Licht allein steigerte zwar die Photosynthese, jedoch nur geringfügig. Das deutet darauf hin, dass dunkelrotes Licht in Kombination mit Licht im Bereich von 400–700 nm die Photosynthese genauso wirksam antreibt wie PAR. Dunkelrotes Licht erhöht die Photosyntheserate, doch führt das ebenfalls zu höheren Erträgen? Dr. Zhen und Bugbee haben das auch mit Salat getestet. Sie behandelten den Salat mit Licht im althergebrachten PAR-Bereich und andere mit PAR plus Dunkelrot. Bei PAR mit Dunkelrot wurden 15 % mehr Dunkelrot hinzugefügt und 15 % PAR entfernt, sodass die Behandlungen die gleiche Lichtintensität hatten. Die Behandlung mit dunkelrotem Licht erhöhte die Netto-Photosynthese und die Kohlenstoffbindung und steigerte den Ertrag um 29–31 %.

Exkurs: Lichtabsorbierende Pflanzenpigmente

Chlorophyll

Für die Photosynthese wird die Lichtenergie von Chlorophyll A und B vor allem aus dem roten und blauen Teil des Spektrums aufgenommen. Die Lichtabsorption von Chlorophyll A erreicht ihren Höhepunkt bei 430 nm im blauen und bei 663 nm im roten Bereich, die von Chlorophyll B bei 453 nm im blauen und 642 nm im orange-roten Bereich. Die höchste Absorption des Gesamtchlorophylls liegt bei 435 nm und 445 nm im blauen Spektrum und bei 640 und 675 nm in den roten Wellenlängen. Obwohl Chlorophyll nicht das einzige Pflanzenpigment ist, das Licht absorbiert, um die Photosynthese anzutreiben, ist es das Pigment, das am engsten mit den Photosystemen der Pflanzen verbunden ist. Aus diesem Grund haben sich die Entwickler von Zusatz- und Innenbeleuchtungen auf diese speziellen Wellenlängen konzentriert, weshalb violette LEDs in der Branche weit verbreitet sind. Das ist nicht unbedingt der beste Weg, denn es gibt noch andere Pigmente, die Licht in anderen Spektren absorbieren und ebenfalls die Photosynthese antreiben.

Carotinoide

Das Chlorophyll ist nicht der einzige lichtempfindliche Teil der Pflanze. Carotinoide sind eine Gruppe orangefarbener Pigmente, die Licht im blauen Teil des Spektrums einfangen, und zwar bei etwa 448 nm im blauen Spektrum und bei 475 nm im blau-grünen Bereich. Carotinoide tragen nicht nur zur Photosynthese bei, sondern schützen das Chlorophyll auch vor zu viel Licht, das zerstörerische Auswirkungen haben könnte.

Wenn ein Photon von einem Chlorophyll, einem Carotinoid oder einem anderen Lichtsammelmolekül absorbiert wird, führt das dazu, dass die Energie in ein Elektron umgewandelt wird und das Molekül aufhört zu existieren. Mit diesem angeregten Elektron können mehrere Dinge passieren. Die aufgenommene Energie kann entweder als Wärme verloren gehen, wenn das angeregte Elektron in seinen Grundzustand zurückfällt, oder als Licht, das bei längeren Wellenlängen Fluoreszenz verursacht. Vor allem aber kann sie auf ein anderes Molekül in der Nähe übertragen werden und eine chemische Reaktion auslösen, die zur Photosynthese führt.

Andere Pigmente mit Bezug zu Licht

Anthocyane und andere Flavonoidpigmente absorbieren blaues und UV-Licht und schützen so das Chlorophyll vor der Zerstörung durch Licht.

Ein weiteres Pigment, das eine Rolle für die Pflanzengesundheit zu spielen scheint, ist Xanthophyll. Dieses gelbe Pigment fängt Licht im Bereich von 400–530 nm ein – Violett (400–450 nm), Blau (450–490 nm) und Cyan (490–520 nm) – wird aber für den Menschen normalerweise durch das Grün des Chlorophylls verdeckt. Wenn ein Blatt sein Chlorophyll verliert – zum Beispiel wegen Stickstoffmangels – wird die leuchtend gelbe Farbe des Xanthophylls sichtbar.

Xanthophyll hat mehrere Funktionen. Zunächst wirkt es als Licht- und Wärmeregulator. In der Morgendämmerung liegt es in seiner energiearmen Form, dem Violaxanthin, vor, das bei 480 und 648 nm am stärksten auf Licht reagiert. Wenn die Lichtintensität auf ein Niveau ansteigt, das die Thylakoide schädigen und zur Photooxidation der Chlorophyllmoleküle führen könnte, entzieht Violaxanthin den Photonen die überschüssige Energie, um daraus seine energiereiche Form, Zeaxanthin, zu bilden. Wenn die Lichtintensität abnimmt, kehrt das Zeaxanthin in seinen energiearmen Zustand, das Violaxanthin, zurück – ein Zyklus, der von einigen Minuten bis zu mehreren Stunden dauern kann.

Diese chemischen Prozesse ermöglichen es den Pflanzen, sich während der hellen Perioden abzukühlen und in kühlen Nächten warm zu halten. Die Pflanzen speichern tagsüber Energie und geben sie nachts wieder ab, indem sie Xanthophyll in seine energieärmere Form umwandeln und so Wärme freisetzen. Tagsüber kann ein Teil der Lichtenergie auch auf das Chlorophyll übertragen werden, indem es ein Elektron freisetzt, das für die Photosynthese verwendet wird. Andere Pflanzenpigmente sammeln ebenfalls Energie aus Spektren, die vom Chlorophyll nicht genutzt werden. Neoxanthin, Lutein und Zeaxanthin übertragen jeweils mehr als die Hälfte der Energie, die sie sammeln, auf das Chlorophyll.

Praktische Tools

Lichtmessgeräte

Die meisten Anbauer/innen haben noch nie ein Lichtmessgerät benutzt, weil sie große Gärten mit hervorragenden Knospen angelegt haben, indem sie einfach die Wattzahl der verwendeten Lampen berechnet haben. Lichtmessgeräte werden jedoch verwendet, um «Hot Spots» und schwächere Bereiche des Gartens zu identifizieren, und sie geben Aufschluss darüber, wie viel Licht die Pflanzen derzeit erhalten und wie viel sie insgesamt erhalten haben. Die Investition in einen Belichtungsmesser lohnt sich, denn mit den gelieferten Informationen lassen sich «heiße» und dunklere Stellen ermitteln, um den Raum gleichmäßig zu beleuchten, die zusätzliche Belichtung zu steuern und die Energie möglichst effizient zu nutzen. Einige Modelle verwenden Handy-Apps. Anstatt das Licht, das den Garten erreicht, zu schätzen, liefern die Zähler eine genaue Anzeige.

Ein **Licht-«Brennpunkt»** ist ein Bereich im Pflanzendach, der eine deutlich höhere Lichtintensität als die umliegenden Bereiche aufweist. Das ist vor allem bei großen Pflanzendächern unerwünscht, da es die Gleichmäßigkeit der Pflanzendächer stört.

Das MQ-500 von Apogee ist ein Quantum-PAR-Messgerät, das die photosynthetisch aktive Strahlung aller Grow-Lampen, einschließlich LEDs, mit einem Spektralbereich von 389 bis 692 nm ± 5 nm genau misst.

Quantensensor

Zur Lichtmessung können viele verschiedene Geräte verwendet werden, jedoch sind Quantensensoren, die das Licht genau messen, oft schwer zu finden. Obwohl Quantensensoren teurer sein können als andere Lux- und Foot-Candle-Messgeräte, sind sie das genaueste und zuverlässigste Werkzeug, um sicherzustellen, dass die Pflanzen genug Licht bekommen und dass es gleichmäßig verteilt ist. Die wichtigsten Unternehmen, die Quantensensoren herstellen, sind LI-COR und Apogee. LI-COR ist für seine Genauigkeit bekannt und hat eine unübertroffene Vergangenheit in der Herstellung hochwertiger Pflanzenmessgeräten, aber es ist teurer und weniger benutzerfreundlich als Apogee. Die Vollspektrum-Quantensensoren von Apogee sind eine hervorragende Alternative, die sich über USB und kostenlose Software leicht mit Laptops verbinden lassen und ohne zusätzliche Geräte Daten aufzeichnen können. Außerdem lassen sie sich mit Hilfe der Clear-Sky-Calculator-Website leicht neu kalibrieren, was eine jahrelange Nutzung gewährleistet. Für ernsthafte Grower sind sie ein Muss, um die Lebensdauer der Geräte zu bestimmen und tote Punkte zu erkennen. Die Aufzeichnungsfunktion kann sicherstellen, dass die Zeitschaltuhren richtig funktionieren.

Über den Autor

Ed Rosenthal, geboren 1944, ist ein US-amerikanischer Garten- und Pflanzenexperte, Autor, Verleger und Cannabiszüchter, der insbesondere für seine Bücher zur Hanfkultur und seinen Einsatz für die Cannabis-Legalisierung bekannt ist. In den 1980er und 1990er Jahren arbeitete er als Kolumnist für das High Times Magazine, im Jahr 2002 wurde er von den US-Bundesbehörden wegen des Anbaus von Cannabis verhaftet und vor Gericht gestellt. Rosenthal hat sich außerdem für den Einsatz von Marijuana als Medizin stark gemacht und als Aktivist großen Einfluss auf die politischen Entwicklungen in dieser Hinsicht gehabt. www.edrosenthal.com

Literatur

Baskin, J. M. und C. C. Baskin (1978). *«Promotion of Germination of Stellaria Media Seeds by Light from a Green Safe Lamp.»* New Phytologist 82: 381–83.

Borthwick, H. A. und H. M. Cathey (1962). *«Role of Phytochrome in Control of Flowering of Chrysanthemum.»* Botanical Gazette 123, no. 3 (1962): 155–62. http://www.jstor.com/stable/2472998.

Both, A. J., B. Bugbee, C. Kubota, R. G. Lopez, C. Mitchell, E. S. Runkle und C. Wallace (2017). *«Proposed Product Label for Electric Lamps Used in the Plant Sciences.»* HortTechnology, 27, no. 4: 544–49. https://doi.org/10.21273/HORTTECH03648-16.

Butler, W. L., S. B. Hendricks und H. W. Siegelman (1964). *«Action Spectrum of Phytochrome in Vitro.»* Photochemistry and Photobiology 3 (1964): 521–28.

Cashmore, A. R., J. A. Jarillo, Y. J. Wu und D. Liu (1999). *«Cryptochromes: Blue Light Receptors for Plants and Animals.»* Science 284, no. 5415 : 760–65. https://doi.org/10.1126/science.284.5415.760.

Cathey, H. M. und L. E. Campbell (1980). *«Light and Lighting for Horticultural Plants.»* Horticulture Review 2.

Cathey, H. M. und H. A. Borthwick (1957). *«Photoreversibility of Floral Initiation in Chrysanthemum.»* Botanical Gazette 119, no. 2 : 71–76. http://www.jstor.org/stable/2473021.

Davis, P. A. und C. Burns (2016). *«Photobiology in Protected Horticulture.»* Food and Energy Security 38. https://doi.org/10.1002/fes3.97.

Faust, J. E. und J. Logan (2018). Daily Light Integral: *A Research Review and High-Resolution Maps of the United States.* HortScience 53, no. 9 (2018): 1250–57. https://doi.org/10.21273/HORTSCI13144-18 (https://endowment.org/dlimaps/).

Folta, K. M. und S. D. Carvalho (2015). *«Photoreceptors and Control of Horticultural Plant Traits.»* Hort-Science 50, no. 9: 1274–80.

Franklin, K. A. (2008). *«Shade Avoidance.»* New Phytologist 179, no. 4: 930–44. https://doi.org/10.1111/j.1469-8137.2008.02507.x.

Haitz, Roland und Tsao, Jeff (2011). Solid-state lighting: *The Case»* Ten Years After and Future Prospects. Physica Status Solidi (A) Applications and Materials Science 208, no. 1 (2011): 17–29. https://doi.org/10.1002/pssa.201026349.

Hernandez, R. und C. Kubota (2016a). *«Physiological Responses of Cucumber Seedlings under Different Blue and Red Photon Flux Ratios Using LEDs.»* Environmental and Experimental Botany 121 : 66–74. https://doi.org/10.1016/j.envexpbot.2015.04.001.

Hernandez, R., T. Eguchi, M. Deveci und C. Kubota (2016b). *«Tomato Seedling Physiological Responses under Different Percentages of Blue and Red Photon Flux Ratios Using LEDs and Cool White Fluorescent Lamps.* Scientia Horticulturae 213: 270–80. https://doi.org/10.1016/j.scienta.2016.11.005.

Hogewoning, S. W., G. Trouwborst, H. Maljaars, H. Poorter, W. van Ieperen und J. Harbinson (2010). *«Blue Light Dose-Responses of Leaf Photosynthesis, Morphology, and Chemical Composition of Cucumis sativus Grown under Different Combinations of Red and Blue Light.»* Journal of Experimental Botany 61, no. 11: 3107–17. https://doi.org/10.1093/jxb/erq132.

Hogewoning, S. W., E. Wientjes, P. Douwstra, G. Trouwborst, W. van Ieperen, R. Croce und J. Harbinson (2012). *«Photosynthetic Quantum Yield Dynamics: From Photosystems to Leaves.»* Plant Cell 24, no. 5: 1921–35. https://doi.org/10.1105/tpc.112.097972.

Jenkins, G. I. (2014). *«The UV-B Photoreceptor UVR8: From Structure to Physiology.»* Plant Cell 26, no. 1 : 21–37. https://doi.org/10.1105/tpc.113.119446.

Koontz, H. V. und R. P. Prince (1986). *«Effect of Sixteen and Twenty-Four Hours Daily Radiation (Light) on Lettuce Growth.* HortScience 21: 123–24.

Kopsell, D. A., C. E. Sams und R. C. Morrow (2015). *«Blue Wavelengths from LED Lighting Increase Nutritionally Important Metabolites in Specialty Crops.»* HortScience 50, no. 9: 1285–88. https://doi.org/10.21273/hortsci.50.9.1285.

Korczynski, P. C., J. Logan und J. E. Faust (2002). *«Mapping Monthly Distribution of Daily Light Integrals across the Contiguous United States.»* HortTechnology 12, no. 1: 12–16.

Lund, J. B., T. J. Blom und J. M. Aaslyng (2007). *«End-of-Day Lighting with Different Red/Far-Red Ratios Using Light-Emitting Diodes Affects Plant Growth of Chrysanthemum x morifolium Ramat. 'Coral Charm.'»* HortScience 42, no. 7: 1609-11.

Lydon, John (1985). *The Effects of Ultraviolet-B Radiation on the Growth, Physiology, and Cannabinoid Production in Cannabis Sativa L.* Ann Arbor, MI: University Microfilms, Print.

Massa, G. D., H.-H. Kim, R. M. Wheeler und C. A. Mitchell (2008). HortScience 43, no. 7: 1951–56. http://hortsci.ashspublications.org/content/43/7/1951.full.

Mccoshum, S. und J. Z. Kiss (2011). «*Green Light Affects Blue-Light-Based Phototropism in Hypocotyls of Arabidopsis thaliana Author.*» Journal of the Torrey Botanical Society 138, no. 4: 409–17.

McCree, K. J. (1971). «*The Action Spectrum, Absorptance, and Quantum Yield of Photosynthesis in Crop Plants.*» Agricultural Meteorology 9, no. C: 191–216. https://doi.org/10.1016/0002-1571(71)90022-7.

McCree, K. J. (1972). «*Significance of Enhancement for Calculations Based on the Action Spectrum for Photosynthesis.*» Plant Physiology 49, no. 5: 704–6. https://doi.org/10.1104/pp.49.5.704.

Morrow, R. C. «*LED Lighting in Horticulture.*» HortScience 43, no. 7 (2008): 1947–50. https://doi.org/10.21273/hortsci.43.7.1947.

Nelson, J. A. und B. Bugbee (2014). «*Economic Analysis of Greenhouse Lighting: Light Emitting Diodes vs. High Intensity Discharge Fixtures.*» PLoS ONE 9, no. 6. https://doi.org/10.1371/journal.pone.0099010.

Ouzounis, T., E. Rosenqvist und C. O. Ottosen (2015). «*Spectral Effects of Artificial Light on Plant Physiology and Secondary Metabolism: A Review.*» HortScience 50, no. 8: 1128–35. https://doi.org/10.21273/hortsci.50.8.1128.

Park, Y. G. und B. R. Jeong (2019). «*Night Interruption Light Quality Changes Morphogenesis, Flowering, and Gene Expression in Dendranthema grandiflorum.*» Horticulture Environment and Biotechnology 60, no. 2: 167–73. https://doi.org/10.1007/s13580-018-0114-z.

Pinto-Marijuan, Marta und Sergi Munne-Bosch (2014). «*Photo-Oxidative Stress Markers as a Measure of Abiotic Stress-Induced Leaf Senescence: Advantages and Limitations.*» Journal of Experimental Botany 65, no. 14: 3845–57. https://academic.oup. com/jxb/article/65/14/3845/2877459.

Pocock, T. (2015). «*Light-Emitting Diodes and the Modulation of Specialty Crops: Light Sensing and Signaling Networks in Plants.*» HortScience 50, no. 9: 1281–84.

Sager, J. C. (1984). «*Spectral Effects on the Growth of Lettuce under Controlled Environment Conditions.*» Acta Horticulturae 148: 889-96.

Shinomura, T., A. Nagatani, H. Hanzawa, M. Kubota, M. Watanabe und M. Furuya (1996). «*Action Spectra for Phytochrome A- and B-Specific Photoinduction of Seed Germination in Arabidopsis thaliana.*» Proceedings of the National Academy of Sciences of the United States of America 93, no. 15: 8129-33. http://www.jstor.com/stable/40175.

Smith, H. L., L. Mcausland, und E. H. Murchie (2017). «*Don't Ignore the Green Light: Exploring Diverse Roles in Plant Processes.*» Journal of Experimental Botany 68, no. 9: 2099–110. https://doi.org/10.1093/jxb/erx098.

Steigerwald, D., J. Bhat, D. Collins, R. Fletcher, M. Holcomb, M. Ludowise, P. Martin und S. Rudaz (2002). *«Illumination with Solid State Lighting Technology.»* IEEE Journal on Selected Topics in Quantum Electronics 8: 310–20.

Stutte, G. W. (2009). *«Light-Emitting Diodes for Manipulating the Phytochrome Apparatus.»* HortScience 44, no. 2: 231–34. https://doi.org/10.21273/hortsci.44.2.231.

Terashima, I., T. Fujita, T. Inoue, W. S. Chow und R. Oguchi (2009). *«Green Light Drives Leaf Photosynthesis More Efficiently Than Red Light in Strong White Light: Revisiting the Enigmatic Question of Why Leaves Are Green.»* Plant and Cell Physiology 50, no. 4: 684–97. https://doi.org/10.1093/pcp/pcp034.

Wallace, C. und A. J. Both (2016). *«Evaluating Operating Characteristics of Light Sources for Horticultural Applications.»* Acta Horticulturae 1134: 435–43. https://doi.org/10.17660/ActaHortic.2016.1134.55.

Wang, Y. und K. M. Folta (2012). *«Contributions of Green Light to Plant Growth and Development.»* American Journal of Botany 100, no. 1 (2013): 70–78. https://doi.org/10.3732/ajb.1200354.

Zhang, T. und K. M. Folta. *«Green Light Signaling and Adaptive Response.»* Plant Signaling and Behavior 7, no. 1. https://doi.org/10.4161/psb.7.1.18635

Zhen, S., M. Haidekker und M. W. van Iersel (2019). *«Far-Red Light Enhances Photochemical Efficiency in a Wavelength-Dependent Manner.»* Physiologia Plantarum 167, no. 1: 21–33. https://doi.org/10.1111/ppl.12834.

Zhen, S. und B. Bugbee. *«Far-Red Photons Have Equivalent Efficiency to Traditional Photosynthetic Photons: Implications for Redefining Photosynthetically Active Radiation.»* Plant, Cell & Environment 43 (2020): 1259–72. https://doi.org/10.1111/pce.13730.

Zhen, S. und B. Bugbee. *«Substituting Far-Red for Traditionally Defined Photosynthetic Photons Results in Equal Canopy Quantum Yield for CO_2 Fixation and Increased Photon Capture during Long-Term Studies: Implications for Re-defining PAR.»* Frontiers in Plant Science (2020). https://doi.org/10.3389/fpls.2020.581156.

Anwendung, Nutzpflanze und Kultur

Der Bestseller! 8. Auflage

Ed Rosenthal

Marijuana Growers Handbuch

Für Anfänger und fortgeschrittene Grower, für medizinische & hedonistische Zwecke, für Indoor- und Outdoor-Anbau gleichermassen geschrieben.

ISBN978-3-03788-263-4
544 Seiten ,17 × 24 cm, Softcover

Bestseller 45. Auflage!

Jack Herer, Mathias Bröckers

Die Wiederentdeckung der Nutzpflanze Hanf

ISBN 978-3-03788-181-1
526 Seiten, 17×23,7cm, Hardcover

Hash-, Marihuana- & Hemp-Museum Amsterdam/Barcelona (Hrsg.)

Weed of Wonder

ISBN 978-3-03788-482-9 **grünes Cover**
ISBN 978-3-03788-483-6 **lila Cover**
288 Seiten, 25×25 cm, Hardcover

Medizin

Der Bestseller in einer überarbeiteten Neuausgabe

Franjo Grotenhermen

Die Behandlung mit Cannabis

Medizinische Möglichkeiten, rechtliche Lage, Rezepte, Praxistipps

ISBN 978-3-03788-579-6
128 Seiten, 14,8 x 21 cm, Hardcover

Manfred Fankhauser, Daniela E. Eigenmann

Cannabis in der Medizin

Geschichte – Praxis – Perspektiven

ISBN 978-3-03788-587-1
224 Seiten, 14,8×21 cm, Broschur

NEU

Bernd Wessollek

Cannabismedizin für mündige Patienten

Erfahrungen aus der gelebten Praxis

ISBN 978-3-03788-667-0
120 Seiten, 14,8 × 21 cm, Softcover

NACHTSCHATTEN VERLAG

Nachtschatten Verlag AG
Kronengasse 11
CH-4500 Solothurn

Tel +41 (0)32 621 89 49
Fax +41 (0)32 621 89 47

www.nachtschatten.ch
info@nachtschatten.ch

Anbau und Growing

3. Auflage

Philip Adams
Weedology
Alles über den Cannabis-Anbau
ISBN 978-3-03788-538-3
356 Seiten, 14,8 × 21 cm, Broschur

8. Auflage

Lark-Lajon Lizermann
Der Cannabis-Anbau
Der einfache Weg zum eigenen Homegrow
ISBN 978-3-03788-134-7
160 Seiten, 14,8 x 21 cm, Broschur

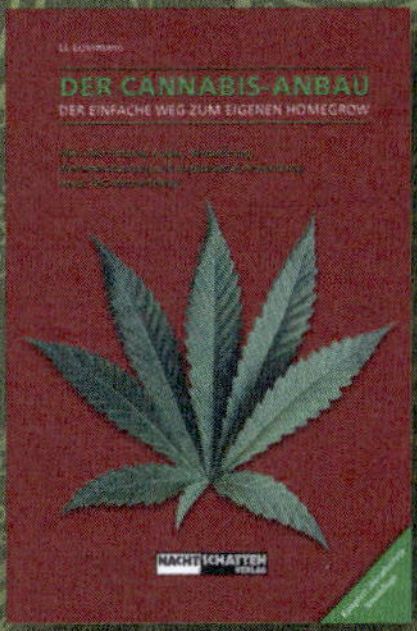

Der Klassiker in der 13. Auflage

Jorge Cervantes
Marihuana drinnen
Alles über den Anbau im Haus
ISBN 978-3-907080-92-4
344 Seiten, 14,7 × 21 cm, Broschur

Jorge Cervantes
Marihuana Anbaugrundlagen
Der praktische Leitfaden für Cannabisfreunde
ISBN 978-3-03788-197-2
240 Seiten, 15 × 21 cm, Broschur

Überarbeitete und aktualisierte Neuausgabe

Mike MoD
Enzyklopädie der Cannabiszucht
Fachbuch der Hanfgenetik
ISBN 978-3-03788-658-8
448 Seiten, 16,5 × 24 cm, Broschur
über 100 Farbseiten und Grafiken

Chuck Lore
Cannabis
Anbau, Ernte und Konsum
ISBN 978-3-03788-592-5
112 Seiten, 12 × 20,3 cm
4-farbig, mit vielen Fotos, Broschur

NACHTSCHATTEN VERLAG

Nachtschatten Verlag AG
Kronengasse 11
CH-4500 Solothurn

Tel +41 (0)32 621 89 49
Fax +41 (0)32 621 89 47

www.nachtschatten.ch
info@nachtschatten.ch

Das Magazin für psychoaktive Kultur
Lucys Rausch
Das Magazin für psychoaktive Kultur
Lucys Rausch
Psychoaktiver Honig
Ayahuasca-Tourismus in Peru
Die Geschichte der Wasserpfeifen
CANNABISKULTUR
Heilmittel, Entheogen und Rauschdroge
Hanf
Ethnobotanik
Kultur
Wissenschaft
lucys-magazin.com
NACHTSCHATTEN VERLAG
Nachtschatten Verlag AG
Kronengasse 11
CH-4500 Solothurn
www.nachtschatten.ch
info@nachtschatten.ch

DrGreen
KRÄFTIGE
STECKLINGE
VOM EXPERTEN
SCHNELLER VERSAND
USA GENETIKEN
VORBESTELLUNG*
*Lieferung zum Wunschtermin.
Große Stückzahlen erhältlich.
ONLINE BESTELLEN!
drgreen.at

wirksam.
sicher.
natürlich.
BergBlüten